Silpa Somavarapu

Macromoléculas

AF666838

Silpa Somavarapu

Macromoléculas

ScienciaScripts

Imprint
Any brand names and product names mentioned in this book are subject to trademark, brand or patent protection and are trademarks or registered trademarks of their respective holders. The use of brand names, product names, common names, trade names, product descriptions etc. even without a particular marking in this work is in no way to be construed to mean that such names may be regarded as unrestricted in respect of trademark and brand protection legislation and could thus be used by anyone.

Cover image: www.ingimage.com

This book is a translation from the original published under ISBN 978-620-2-09544-0.

Publisher:
Sciencia Scripts
is a trademark of
Dodo Books Indian Ocean Ltd. and OmniScriptum S.R.L publishing group

120 High Road, East Finchley, London, N2 9ED, United Kingdom
Str. Armeneasca 28/1, office 1, Chisinau MD-2012, Republic of Moldova, Europe
Printed at: see last page
ISBN: 978-620-7-99073-3

Copyright © Silpa Somavarapu
Copyright © 2024 Dodo Books Indian Ocean Ltd. and OmniScriptum S.R.L publishing group

Conteúdo

CAPÍTULO 1

UMA DIETA EQUILIBRADA

1 Uma alimentação equilibrada

Comer uma dieta equilibrada é o processo de ingerir o tipo certo de alimentos de acordo com as necessidades dietéticas do corpo e utilizá-los para o crescimento, metabolismo e reparação ou é comer uma grande variedade de alimentos e bebidas de todos os grupos de alimentos em quantidades adequadas que podem manter o estado saudável do corpo. Uma dieta que se concentra em fornecer todos os nutrientes de que o seu corpo necessita. É composta por macronutrientes como proteínas, hidratos de carbono e gorduras, juntamente com micronutrientes que incluem vitaminas e minerais. Cada um deles tem um papel diferente a desempenhar na manutenção de várias funções do corpo. Estes nutrientes são obtidos através de uma combinação dos cinco principais grupos de alimentos - frutas e legumes, cereais e leguminosas, carne e produtos lácteos e gorduras e óleos.

1.1 Ajudar as famílias a ter uma alimentação equilibrada

A pirâmide alimentar ajuda-nos a identificar os grupos de alimentos que as pessoas devem combinar para obterem uma dieta equilibrada. Os grupos de alimentos no topo da pirâmide devem ser consumidos com moderação (pequenas quantidades), mas os grupos de alimentos na base da pirâmide devem ser consumidos em maiores quantidades.

1.2 Como escolher sabiamente uma dieta equilibrada

Para manter o seu corpo a funcionar corretamente, são necessárias três refeições principais, juntamente com um lanche saudável para refrear os desejos. Idealmente, o pequeno-almoço deveria ser a refeição mais pesada do dia, mas com os nossos horários ocupados, tudo o que conseguimos fazer é beber um copo de leite e comer uma torrada. Embora o jantar devesse ser a refeição mais leve, numa casa indiana comum, é uma refeição familiar elaborada. É altura de mudar.

1.2.1 O pequeno-almoço: Uma boa refeição matinal deve ser composta por três elementos. Trata-se de fibras alimentares ou hidratos de carbono (pão integral, aveia, aveia branca, flocos de trigo), proteínas (ovos e claras, iogurte, leite e rebentos) e frutos secos (amêndoas, nozes, alperces e figos). Desta forma, irá ingerir menos calorias durante o resto do dia.

1.2.2 Almoço: Faça uma mistura de cereais integrais ricos em fibras, como arroz integral, cevada ou jowar, hidratos de carbono ricos em amido e uma boa fonte de proteínas, como queijo cottage, leguminosas, frango ou peixe. Inclua alguns probióticos como iogurte ou leitelho e fibras de saladas frescas para completar a sua refeição.

1.2.3 Jantar: Escolha alimentos com um elevado valor de saciedade que o mantenham saciado durante mais tempo e que reduzam a vontade de comer à meia-noite. Encha o seu prato com verduras para se abastecer de vitaminas e minerais. Limite os hidratos de carbono, mas não os corte. Combine-os com algumas gorduras saudáveis, como peixe, nozes e óleos de sementes. O seu corpo pode utilizá-los para regeneração e reparação durante a noite.

Não desista de petiscar. Ele fornece o "estímulo" rápido de que precisa. Troque as porcarias por frutos frescos, crudités com molho de requeijão, nozes ou uma salada. O ideal é fazer refeições pequenas mas frequentes. Isto não significa que coma mais, mas que distribua as suas necessidades diárias ao longo do dia.

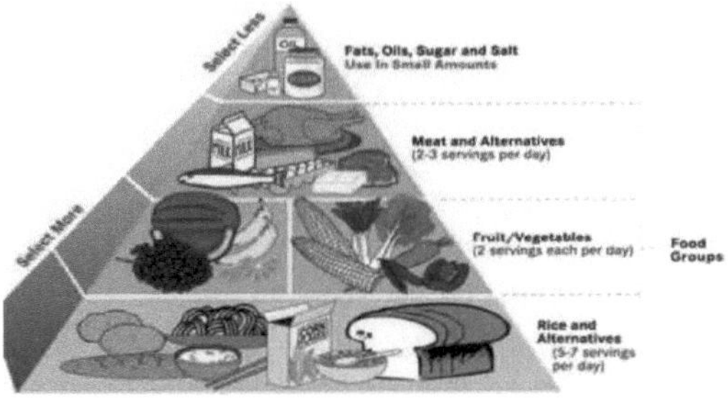

Figura 1: Pirâmide alimentar

Uma boa nutrição[1] é uma dieta bem equilibrada que, quando combinada com uma atividade física regular, ajuda a manter uma saúde adequada e boa[2]. Uma má nutrição conduz a uma diminuição da imunidade, a uma maior suscetibilidade às doenças, a um desenvolvimento físico e mental deficiente e a uma produtividade reduzida.

1.3 Principais classes de nutrientes

Incluem água, hidratos de carbono, fibras, proteínas, gorduras, minerais e vitaminas.

S.N.	NUTRIENTES	FUNÇÃO
1	Água	A água ajuda a fazer uma melhor digestão.
2	Hidratos de carbono	Fornecem energia para as necessidades de curto prazo (alimentos energéticos).
3	Proteínas	Ajudam a construir o corpo e a reparar os tecidos danificados (alimentos para construção do corpo).
4	Gorduras	Fornecem energia para as necessidades a curto prazo (alimentos energéticos).
5	Minerais	São os elementos químicos necessários aos organismos vivos, presentes em quase todas as moléculas orgânicas.
6	Vitaminas	São elementos vitais necessários ao organismo para combater várias doenças.

Quadro 1: Principais classes de nutrientes

1.3.1 Classificação dos nutrientes essenciais

Com base nas necessidades dos nutrientes, estes são classificados em dois grupos.

Macronutrientes

Estes nutrientes são necessários ao organismo numa quantidade bastante elevada. Incluem os hidratos de carbono, as gorduras, as proteínas, as fibras e a água. Estas substâncias são necessárias para o fornecimento de energia e para o crescimento, para o metabolismo e para outras funções do organismo.

Micronutrientes

Os micronutrientes são nutrientes de que as pessoas necessitam apenas em pequenas quantidades. Estes nutrientes incluem os minerais e as vitaminas. Ao contrário dos macronutrientes, estes são necessários em quantidades muito pequenas.

1.3.1.1 Os macronutrientes em pormenor

1.3.1.1.1 Hidratos de carbono

Os hidratos de carbono são a principal fonte de energia do nosso corpo. Na Índia, 70-80% do total de calorias da dieta provêm de hidratos de carbono presentes em alimentos vegetais como cereais, painço e leguminosas. "Metade do total de calorias do dia deve provir de hidratos de carbono. Os hidratos de carbono são referidos como alimentos que fornecem energia. São a principal fonte de combustível do corpo porque são facilmente convertidos em energia. Esta energia está normalmente na forma de glucose, que todos os tecidos e células do nosso corpo utilizam prontamente. Os hidratos de carbono incluem açúcares e não-açúcares.

Os hidratos de carbono podem ser classificados em

Os hidratos de carbono simples são classificados em monossacáridos, dissacáridos ou polissacáridos, consoante o número de unidades de açúcar que contêm. Os hidratos de carbono simples são rapidamente absorvidos e aumentam os níveis de açúcar no sangue mais rapidamente do que outros nutrientes. Os hidratos de carbono fornecem cerca de 17 kJ (4 kcal) de energia por grama. As principais fontes de hidratos de carbono são o pão, o trigo, as batatas de todos os tipos, o milho, o arroz, a massa, o macarrão, a banana, os doces, a cana-de-açúcar, os frutos doces e o mel. Outros alimentos como legumes, feijões, frutos secos e sementes contêm hidratos de carbono, mas em menor quantidade.

Dose alimentar recomendada - Homens : 2320 Kcal/dia; Mulheres : 1900 Kcal/dia

1.3.1.1.2 Proteínas

Cerca de 30 a 35% da sua dieta deve ser constituída por proteínas. Pode ser sob a forma de leguminosas, leite, folhas verdes, ovos, carne branca ou rebentos". A proteína é o principal componente de todas as células do seu corpo, bem como do seu cabelo, pele e tecidos moles. Além disso, queimamos mais calorias ao digerir as proteínas do que os hidratos de carbono. Uma vez que os homens tendem a ser musculados e normalmente pesam mais do que as mulheres, necessitam de mais proteínas. As proteínas são necessárias na nossa dieta para o crescimento (especialmente importante para crianças, adolescentes e mulheres grávidas) e para melhorar as funções imunitárias. Também desempenham um papel importante na produção de hormonas e enzimas essenciais, na reparação de tecidos, na preservação da massa muscular magra e no fornecimento de energia em alturas em que os hidratos de carbono não estão disponíveis. As mulheres grávidas precisam de proteínas para construir o seu corpo e o dos bebés e placentas, para produzir sangue extra e para armazenar gordura. As proteínas fornecem aproximadamente 17 kJ (4 kcal) de energia por grama. Os alimentos que contêm proteínas podem ser classificados de acordo com o seu conteúdo relativo de aminoácidos, por exemplo, através da pontuação de aminoácidos corrigida pela digestibilidade das proteínas e do valor biológico. As principais fontes de proteínas são a carne, o frango, os ovos, o leite materno, o feijão, os amendoins, as lentilhas, o peixe, o queijo e o leite.

Dose dietética recomendada - Homens: 60 gramas/dia; Mulheres: 55 gramas/dia

Sistema do corpo	Função	Exemplos de proteínas envolvidas
Digestivo	serve como enzimas digestivas	amilases, quimotripsina, dissacarídeos, lipases, peptidases, proteases, ribonucleases
Tecido conjuntivo (e fluido extracelular)	proporcionam elasticidade, fornecem estruturas de gel fluido, permitem a adesividade	amilases, quimotripsina, dissacarídeos, lipases, peptidases, proteases, ribonucleases
Músculo	fornecer componentes que permitam a contração	actina, miosina, troponina, tropomisina, vinculina
Endócrino	funcionam como hormonas	insulina, hormona do crescimento, hormona estimulante da tiroide (TSH), hormona folículo-estimulante (FSH)
Nervoso	fornecem aminoácidos para os neurotransmissores	epinefrina, norepinefrina, serotonina, melatonina
Genética	formação de ADN e ARN	histonas, polimerização de ácidos nucleicos
		enzimas
Cardiovascular	manter uma pressão sanguínea correta e transportar uma variedade de substâncias	albumina, alfa-globulina, beta globulina, fibronectina, Complemento A
Celular	proporcionar integridade estrutural e proteção	actina, tubulina, espectrina, filamentos intermediários
Sinalização	transferir mensagens químicas para dentro e para fora das células	GCPRs (receptores acoplados à proteína G)

Produção de energia	favorecem a produção de energia a partir do oxigénio no interior das mitocôndrias	ATP sintetase, NADH redutase, succinato desidrogenase
Desintoxicação	processamento de potenciais toxinas para permitir a sua eliminação do organismo	enzimas do citocromo P450, enzimas sulfotransferase, enzimas metiltransferase

Quadro 2 : Apresenta as funções das proteínas no organismo

1.3.1.1.3 Gorduras e óleos

As gorduras fornecem energia, armazenam vitaminas e sintetizam hormonas. De acordo com o NIN, cerca de 1/5 da sua dieta, ou seja, 20%, deve ser dedicado a gorduras de todos os três tipos - poliinsaturadas, monossaturadas e ácidos gordos ómega 3. O óleo vegetal utilizado nos cozinhados do dia a dia é uma das principais fontes de gordura visível na nossa dieta. A gordura encontra-se na carne, frango, produtos lácteos, manteigas, cremes, abacate, óleos e gorduras de cozinha, queijo, peixe e frutos secos moídos.

As gorduras são triglicéridos, ou seja, são ésteres de ácidos gordos e glicerol. São insolúveis em água. Alguns ácidos gordos são essenciais na alimentação, uma vez que não podem ser sintetizados no organismo, sendo designados por ácidos gordos essenciais. As gorduras fornecem 37 kJ (9 kcal) por grama. As gorduras podem ser classificadas como saturadas ou insaturadas, dependendo da estrutura detalhada dos ácidos gordos envolvidos. As gorduras saturadas têm todos os átomos de carbono das suas cadeias de ácidos gordos ligados a átomos de hidrogénio, ao passo que as gorduras insaturadas têm alguns desses átomos de carbono ligados duas vezes, pelo que as suas moléculas têm relativamente menos átomos de hidrogénio do que um ácido gordo saturado do mesmo comprimento. As gorduras insaturadas podem ainda ser classificadas como monoinsaturadas (uma ligação dupla) ou polinsaturadas (muitas ligações duplas). Além disso, dependendo da localização da dupla ligação na cadeia de ácidos gordos, os ácidos gordos insaturados são classificados como ácidos gordos ómega 3 ou ómega 6. As gorduras trans são um tipo de gordura insaturada com ligações isómeras trans; estas são raras na natureza e em alimentos de fontes naturais; são normalmente criadas num processo industrial chamado hidrogenação (parcial). Muitos estudos demonstraram que o consumo de gorduras insaturadas, particularmente de gorduras monoinsaturadas, está associado a uma melhor saúde nos seres humanos. As gorduras saturadas, normalmente de origem animal, são as seguintes na ordem de preferência, enquanto as gorduras trans estão associadas a uma variedade de doenças e devem ser evitadas. As gorduras saturadas e algumas gorduras trans são tipicamente sólidas à temperatura ambiente (como a manteiga ou a banha de porco), enquanto as gorduras insaturadas são tipicamente líquidas (como o azeite ou o óleo de linhaça). As gorduras trans são muito raras na natureza, mas têm propriedades úteis na indústria de transformação de alimentos, como a resistência ao ranço. equilíbrio dos ácidos gordos essenciais - ácidos gordos ómega 3 e ómega 6 - parece ser também importante para a saúde[3]. Ambos

Os ácidos gordos polinsaturados de cadeia longa "ómega" são substratos para uma classe de eicosanóides conhecidos como prostaglandinas, que têm funções em todo o corpo humano.

1.3.1.1.4 Água

A água é essencial para a vida. A água, de fórmula química H_2O, é o principal constituinte da maioria dos alimentos. Influencia a estrutura, o aspeto, o sabor dos alimentos e a sua suscetibilidade à degradação. A água tem três funções principais nos alimentos. Estas funções incluem a função de solubilização (ou dispersão), a função de mobilização e a função estrutural. As fibras e a água ajudam a melhorar a digestão.

1.3.1.1.5 Fibra

A fibra alimentar[4] é um hidrato de carbono, especificamente um polissacárido, que é absorvido de forma incompleta nos seres humanos e em alguns animais. As duas subcategorias são a fibra insolúvel e a fibra solúvel. A fibra alimentar insolúvel consiste principalmente em celulose, um grande polímero de hidratos de carbono que é indigesto para os seres humanos. A fibra alimentar solúvel compreende uma variedade de oligossacáridos, ceras, ésteres, amidos resistentes e outros hidratos de carbono que se dissolvem ou gelatinizam na água. Os cereais integrais, feijões e outras leguminosas, frutos (especialmente ameixas, ameixas secas e figos) e vegetais são boas fontes de fibra alimentar. A fibra é importante para a saúde digestiva e pensa-se que reduz o risco de cancro do cólon. Os alimentos ricos em fibras são o "kocho"; legumes como a couve, o "kosta", a cenoura, a mandioca; frutos como a banana e o abacate; ervilhas e feijões; cereais integrais como a farinha de trigo e o milho refinado ou o sorgo.

1.3.1.2 Micronutrientes em pormenor

Estes micronutrientes apoiam o metabolismo, a função nervosa e muscular, a manutenção dos ossos e a produção de células. Os minerais são inorgânicos, pelo que os minerais das plantas, da carne e do peixe entram facilmente no organismo. As vitaminas são compostos frágeis e é difícil transportá-las, uma vez que podem ser destruídas durante a cozedura ou o armazenamento. Podem ser obtidas a partir de frutos secos, sementes oleaginosas, frutos e vegetais de folha verde. As vitaminas A, E, B12 e D são vitais, tal como o cálcio e o ferro. O Instituto Nacional de Nutrição recomenda o consumo de 100 gramas de verduras e 100 gramas de frutas por dia. Em conjunto, são extremamente importantes para o normal funcionamento do organismo. A sua principal função é permitir que as muitas reacções químicas ocorram no corpo. Os micronutrientes não funcionam para o fornecimento de energia. Vitaminas - são essenciais para o metabolismo normal, o crescimento e o desenvolvimento e a regulação da função celular. Trabalham em conjunto com enzimas e outras substâncias que são necessárias para uma vida saudável. As vitaminas são lipossolúveis ou hidrossolúveis. As vitaminas lipossolúveis podem ser armazenadas nos tecidos gordos do corpo quando em excesso. As vitaminas hidrossolúveis são excretadas na urina quando em excesso e, por isso, precisam de ser tomadas diariamente. As vitaminas hidrossolúveis incluem a vitamina B e a vitamina C. Os vegetais de folha verde são ricos em vitamina B, enquanto a vitamina C se encontra em abundância nos citrinos. As vitaminas lipossolúveis são as vitaminas A, D, E e K. Os vegetais de folha verde, o leite e os produtos lácteos e os óleos vegetais fornecem estas vitaminas. Minerais - encontram-se sob a forma ionizada no corpo. São ainda classificados em macrominerais e microminerais (ou minerais vestigiais). Os macrominerais presentes no corpo incluem o cálcio, o potássio, o ferro, o sódio e o magnésio, para citar alguns. O ferro é um constituinte da hemoglobina que está presente no sangue. Os macrominerais são necessários em maiores quantidades, em comparação com os microminerais. Os microminerais[5][6][7][8][9] incluem o cobre, o zinco, o cobalto, o crómio e o fluoreto. São sobretudo co-factores e são necessários para o funcionamento das enzimas no organismo, mas são necessários apenas em pequenas quantidades. Cerca de 4% da massa do corpo é constituída por minerais.

1.3.1.2.1 Vitaminas

As vitaminas[10] são também chamadas de alimentos protectores. São um fator vital na dieta. As vitaminas são classificadas em dois grupos:

1.3.1.2.1.1 As vitaminas lipossolúveis (vitaminas A, D, E e K) são solúveis em gorduras e solventes gordos. São insolúveis na água. Por isso, só são utilizadas se houver gordura suficiente no organismo.

1.3.1.2.1.2 As vitaminas hidrossolúveis (vitaminas B e C e ácido fólico) são solúveis em água e, por isso, não podem ser armazenadas no organismo.

As melhores fontes de micronutrientes na nossa alimentação são os frutos e os legumes[11]

Vitaminas	Função	Fontes
Vitamina A	Visão nocturna Células epiteliais de cicatrização Desenvolvimento normal dos dentes e dos ossos	Leite materno, tomate, couve, alface, abóboras Mangas, papaia, cenouras Fígado, rim, gema de ovo, leite, manteiga, creme de queijo
Vitamina D	Necessário para a absorção de cálcio pelos intestinos	pequena Luz ultra violeta de o sol
Calcificação do esqueleto		Ovos, manteiga, peixe Óleos, gorduras e cereais fortificados
Vitamina K	Para a coagulação do sangue	Vegetais de folha verde Frutas, cereais, carne, produtos lácteos
Complexo B	Metabolismo dos hidratos de carbono, proteínas gorduras[12][13]	e Leite, gema de ovo, fígado, rim e coração Cereais integrais, carne, pão integral, peixe, Bananas
Vitamina C	Prevenção do escorbuto Ajuda à cicatrização de feridas Auxilia a absorção de ferro[14][15][16]	Frutos frescos (laranjas, bananas, mangas, toranjas), legumes (couves, cenouras, pimentos, tomates)

Quadro 3: Funções e fontes das vitaminas.

1.3.1.2.2 Minerais

Os minerais são nutrientes essenciais que são necessários em pequenas quantidades para o manter saudável[17][18]. Os minerais não fornecem energia ou calorias, mas podem ajudar noutras funções do seu corpo. O seu corpo não produz minerais. Para satisfazer as suas necessidades diárias, os minerais devem ser obtidos através da sua alimentação. A maior parte das pessoas consegue satisfazer as suas necessidades de minerais seguindo o "Eating Well with Canada's Food Guide" (CFG) e comendo uma variedade de alimentos saudáveis. Isto significa escolher alimentos de todos os quatro grupos alimentares: vegetais e fruta, produtos de cereais, leite e alternativas, bem como carne e alternativas. Os minerais são as substâncias de que as pessoas necessitam para garantir a saúde e o correto funcionamento dos tecidos moles, dos fluidos e do esqueleto. É um elemento químico necessário em quantidades relativamente grandes para os processos fisiológicos normais do organismo. Os minerais dietéticos são os elementos químicos necessários aos organismos vivos, para além dos quatro elementos carbono, hidrogénio, azoto e oxigénio, presentes em quase todas as moléculas orgânicas. O termo "mineral" é arcaico, uma vez que a intenção é descrever simplesmente os elementos menos comuns na dieta. Alguns são absorvidos muito mais facilmente nas formas iónicas que se encontram nessas fontes. Por outro lado, os minerais são frequentemente adicionados artificialmente à dieta como suplementos; o mais famoso é provavelmente o iodo no sal iodado que previne o bócio. Os minerais são classificados em dois tipos, nomeadamente, Macroelementos, os elementos que são necessários em grandes quantidades e Microelementos, os elementos que são necessários em pequenas quantidades.

CAPÍTULO 2

MINERAIS

2.1 Macroelementos Os elementos que são necessários em grandes quantidades são chamados macroelementos. Participam normalmente na construção do corpo e são em número de sete. São também chamados macronutrientes ou elementos principais. Os macroelementos são o potássio, o sódio, o cálcio, o cloreto, o magnésio, o fósforo e o enxofre.

S.N.	Macroelemento	Fontes	Função
1	Potássio	bananas, abacates, legumes, batatas, leguminosas, peixe e cogumelos.	Um eletrólito muito comum (saúde do coração e dos nervos). Juntamente com o sódio, o potássio está envolvido na manutenção do equilíbrio hídrico normal, do equilíbrio osmótico e do equilíbrio ácido-base. Para além do cálcio, é importante na regulação da atividade neuromuscular.
2	Sódio	Sal comum	um eletrólito muito comum; não se encontra geralmente em suplementos alimentares, apesar de ser necessário em grandes quantidades, porque o ião é muito comum nos alimentos: tipicamente cloreto de sódio, ou sal comum
3	Cloro	O sal de mesa é a principal fonte alimentar	Cloro sob a forma de iões cloreto; eletrólito muito comum
4	Magnésio	aveia, trigo sarraceno, tofu, nozes, caviar, legumes de folha verde, leguminosas e chocolate, mel, ananás.	Necessário para o processamento de ATP e reacções relacionadas (constrói ossos, provoca um peristaltismo forte, aumenta a flexibilidade, aumenta a alcalinidade). Alimenta mais de 300 enzimas que mantêm o seu corpo a funcionar.
5	Fósforo	queijo, gema de ovo, leite, carne, peixe, aves de capoeira, cereais integrais,	Componente necessário dos ossos; essencial para o processamento de energia. O fósforo é um componente de todas as células, bem como de metabolitos importantes, incluindo ADN, ARN, ATP e fosfolípidos. Também é importante na regulação do pH.
6	Cálcio	Amêndoas, figos, feijões, cenouras, nozes, passas, arroz integral, alperces,	Essencial para ossos e dentes fortes, o cálcio também ajuda os nervos, as glândulas e os músculos a

		alho, tâmaras, espinafres, sementes de sésamo, castanhas-do-pará,	funcionar.
		cajus, papaia, abacate, aipo.	
7	Enxofre	Farelo, queijo, ovos, couve-flor, nozes, cebolas, brócolos, peixe, gérmen de trigo, pepinos, nabos, milho.	O enxofre é importante na estrutura das proteínas onde ligações dissulfureto entre vizinhos Os resíduos de cisteína e metionina contribuem para a estrutura terciária. O enxofre é também um constituinte das vitaminas tiamina e biotina e da coenzima A, um importante componente da respiração e dos ácidos gordos metabolismo. Sob a forma de ferro-enxofre proteínas é importante em electrões reacções de transferência da fotossíntese.

Quadro 4 : Macroelementos e respectivas fontes e funções

Nas plantas, os minerais, particularmente os macroelementos, também ocorrem em quantidades facilmente detectáveis. A concentração de macroelementos por grama de matéria seca é de pelo menos 1mg ou 1000 microgramas. Eles formam o corpo da planta e diferentes constituintes protoplasmáticos. Alguns acumulam-se nas células e participam no desenvolvimento do potencial osmótico. Os movimentos de turgescência são principalmente causados pelo influxo e efluxo de potássio. Em caso de ligeiro excesso, não se tornam tóxicos.

2.2 Perturbações relacionadas com os diferentes minerais, nomeadamente os macroelementos

Os minerais em excesso ou em falta provocam perturbações no nosso organismo que são enumeradas a seguir.

Nutrientes	**Deficiência**	**Excesso**
Sódio	hiponatremia	hipernatremia, hipertensão
Cálcio	osteoporose, tetania, espasmo carpopedal, laringe gospasmo, arritmias cardíacas	fadiga, depressão, confusão, anorexia, náuseas, vómitos, obstipação, pancreatite, aumento da urina
Magnésio	hipertensão	fraqueza, náuseas, vómitos, dificuldade em respirar,

		e hipotensão
Potássio	hipocalemia, arritmias cardíacas	hipercalemia, palpitações
Cloreto	Hipocloremia	Hipercloremia
Fósforo	Hipofosfatemia	Hiperfosfotemia

Quadro 5: Perturbações relacionadas com diferentes minerais, nomeadamente macroelementos

2.3 CÁLCIO

O cálcio é um mineral muito importante no metabolismo humano, constituindo cerca de 1 -2% do peso corporal de um adulto. Metal alcalinoterroso cinzento e macio com símbolo Ca e número atómico 20, pertencente ao grupo II. É um catião divalente com peso atómico de 40 g/mol. Tem um único estado de oxidação +2. É o quinto elemento mais abundante na crosta terrestre. Essencial para os organismos vivos Elemento estrutural importante no esqueleto dos vertebrados (ossos e dentes) sob a forma de fosfato de cálcio ($Ca_{10}(PO_4)_6(OH)_2$, conhecido como hidroxiapatite. Componente essencial para a manutenção da estrutura celular. A rigidez, a permeabilidade e a viscosidade das membranas dependem em parte das concentrações locais de cálcio

2.3.1 Papel no apoio à saúde

2.3.1.1Apoiar a saúde dos ossos

O cálcio[19][20] desempenha um papel fundamental na manutenção da integridade estrutural do nosso esqueleto. Embora o cálcio seja o nutriente mais crítico para a saúde do esqueleto, outros nutrientes fornecem um apoio importante para ajudar a absorver e utilizar o cálcio nos ossos. Estes nutrientes incluem a vitamina D, a vitamina K e o magnésio. Embora seja verdade que as fracturas ósseas que ocorrem tendem a ocorrer em adultos mais velhos, os danos que levam à osteoporose podem começar muito cedo com más escolhas alimentares durante a infância e a adolescência. De facto, os anos da pré-adolescência e da adolescência são indiscutivelmente a altura mais crítica para satisfazer as necessidades de cálcio da dieta, uma vez que quase 40% da massa óssea total do adulto é estabelecida entre os 10 e os 15 anos de idade. Assim, a partir dos nossos hábitos de saúde numa idade precoce, podemos facilmente prever a saúde óssea na velhice.

- **Os osteoclastos** (células ósseas) remodelam o osso, dissolvendo ou reabsorvendo o osso

- **Os osteoblastos** (células formadoras de osso) sintetizam osso novo para substituir o osso reabsorvido

- Encontrado nas superfícies externas dos ossos e nas cavidades ósseas

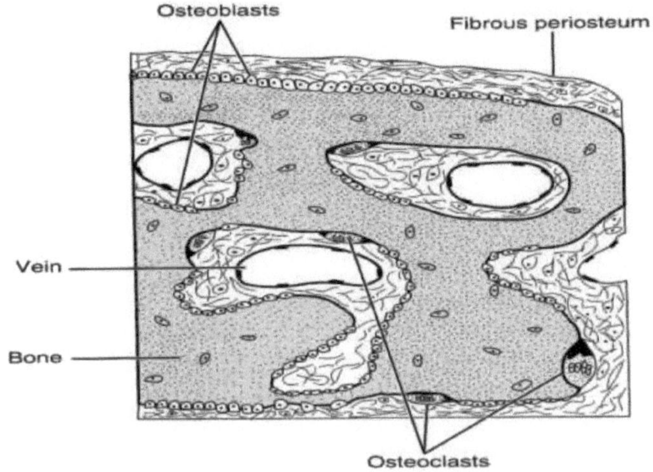

Figura 2: Osteoblastos e osteoclastos

2.3.1.2 Equilíbrio ácido/alcalino

O cálcio é um nutriente absolutamente crítico na regulação do equilíbrio ácido/alcalino (chamado pH) no sangue. Quando o pH do sangue começa a descer (para 7,35 a partir de uma base de 7,4), o cálcio começa a ser libertado dos ossos para reequilibrar o equilíbrio ácido/base. Este processo é gerido por um conjunto complexo de interações hormonais e é rigorosamente regulado. O pH do sangue é de importância crítica para a manutenção da vida e controla processos tão variados como a frequência respiratória e a capacidade de transporte de oxigénio nas células sanguíneas. As escolhas alimentares e de estilo de vida que conduzem a uma maior lixiviação de cálcio dos ossos aumentarão as necessidades de cálcio alimentar ao longo do tempo.

2.3.1.3 Função muscular e nervosa

Quando uma célula muscular recebe um sinal dos nervos que lhe diz para disparar, essa célula responde permitindo uma inundação de cálcio na célula. Esta mudança abrupta leva a uma cascata de atividade e tem o efeito de fazer com que a célula muscular se contraia. Se os níveis de cálcio forem anormais, demasiado altos ou demasiado baixos, este processo pode ser interrompido, o que conduzirá a espasmos musculares. A regulação do equilíbrio do cálcio dentro e fora das células nervosas está envolvida no controlo do fluxo de sódio para dentro e para fora. Este fluxo de sódio é a forma como os nervos conduzem os sinais de e para o cérebro.

2.3.2 Absorção e excreção de cálcio

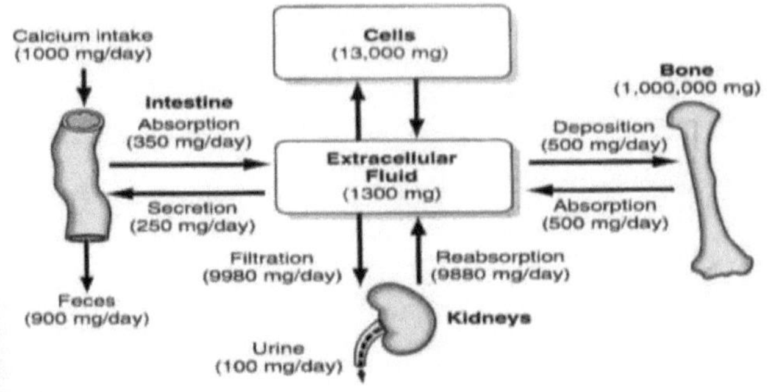

Figura 3: Absorção e excreção de cálcio

A dose habitual é de 1000 mg/dia. Cerca de 35 % é absorvido (350 mg/dia) pelos intestinos, sendo o cálcio remanescente no intestino excretado nas fezes. 250 mg/dia entram no intestino através dos sucos gastrointestinais segregados e das células da mucosa descamadas. 90 % (900 mg/dia) da dose diária é excretada nas fezes. 10 % (100 mg/dia) do cálcio ingerido é excretado na urina. O cálcio deve estar numa forma solúvel e ionizada para poder ser absorvido.

2.3.2.1 Factores de absorção e excreção

Absorção aumentada por:

- Necessidade do corpo
- Vitamina D
- Proteína
- Lactose
- Meio ácido
- **Absorção diminuída por:**
- Deficiência de vitamina D
- Desequilíbrio cálcio-fósforo
- Ácido oxálico
- Fósforo
- Fibra alimentar
- Excesso de gordura
- Alcalinidade elevada
- Também o stress e a falta de exercício físico

- **Excreção aumentada por:**
- Hormona paratiroideia (PTH) baixa
- Volume elevado de fluido extracelular
- Tensão arterial elevada
- Fosfato plasmático baixo

Alcalose metabólica

- **A excreção diminuiu:**

Hormona paratiroideia elevada

- Baixo volume de fluido extracelular
- Tensão arterial baixa
- Fosfato plasmático elevado
- Acidose metabólica
- Vitamina D3

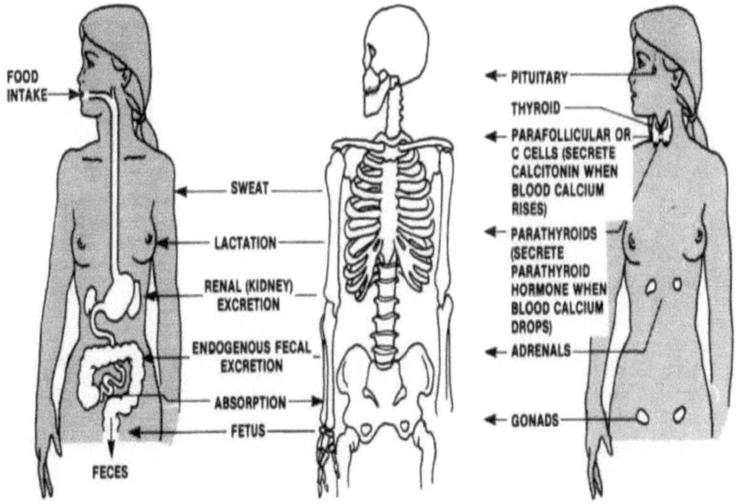

Figura 3: Factores envolvidos no metabolismo do cálcio

2.3.2.2 Regulamento

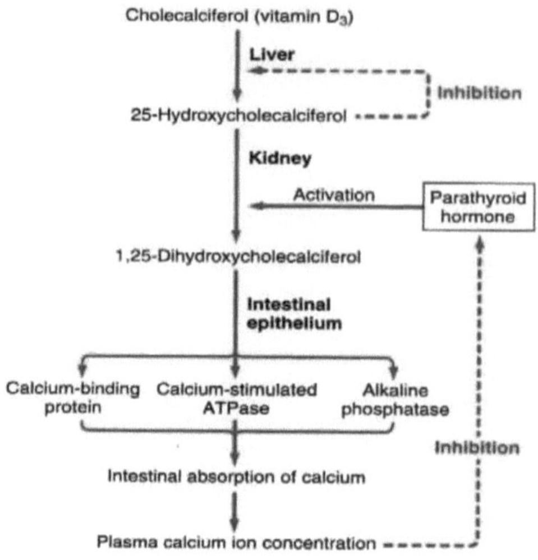

Figura 4: Ativação da vitamina D3

A ativação da vitamina D3 ocorre na presença dos seguintes factores

- Colecalciferol formado na pele pelo sol
- Convertido no fígado
- 1,25 Formação de DHCC no rim
- Controlado por PTH
- A concentração de cálcio no plasma regula inversamente o 1,25 DHCC

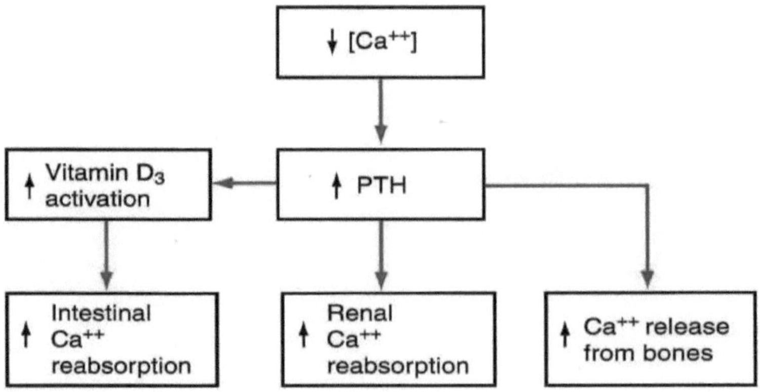

Figura 6: Respostas compensatórias à diminuição da concentração plasmática de cálcio ionizado

mediadas pela PTH e pela vitamina D

A PTH regula-se através de 3 efeitos principais:

- Ao estimular a reabsorção óssea
- Ao estimular a ativação da vitamina D → ↑ reabsorção intestinal de Ca
- Ao aumentar diretamente a reabsorção tubular renal de cálcio

2.3.3 Fontes alimentares de cálcio

Os vegetais de folha verde como os espinafres, as couves, as mostardas, as nabiças e as couves são boas fontes de cálcio[21][22]. Muitos peixes e mariscos - incluindo vieiras e sardinhas - também fornecem quantidades concentradas de cálcio[23][24]. Uma das razões para o rico conteúdo de cálcio do tofu envolve o próprio processo de produção do tofu, uma vez que o cálcio é frequentemente utilizado para ajudar a causar a precipitação do leite de soja (ou seja, a conversão do leite de soja numa forma mais sólida). Os vegetais (7%), os cereais (5%), as leguminosas (4%) e a carne/peixe (3%) também contribuem para a ingestão total de cálcio. De acordo com as Diretrizes Dietéticas para os Americanos de 2010 do USDA, as pessoas com mais de 9 anos de idade tomam 3 chávenas de leite por dia. Isto forneceria cerca de 900 mg de cálcio; partindo do princípio de que algum cálcio provém de outros alimentos, este valor seria provavelmente suficiente para a maioria das pessoas. Tofu, bok choy, são exemplos de boas fontes de cálcio vegan.

Alimentação	**Cals**	**DRI/DV (%)**
Tofu	164	77
Sardinhas	189	35
Sementes de sésamo	206	35
Iogurte	149	30
Acelgas	63	27
Espinafres	41	24
Queijo	114	20
Nabiças	29	20
Mostarda	36	17
Verduras de beterraba	39	16

Quadro 6 : Fontes de cálcio

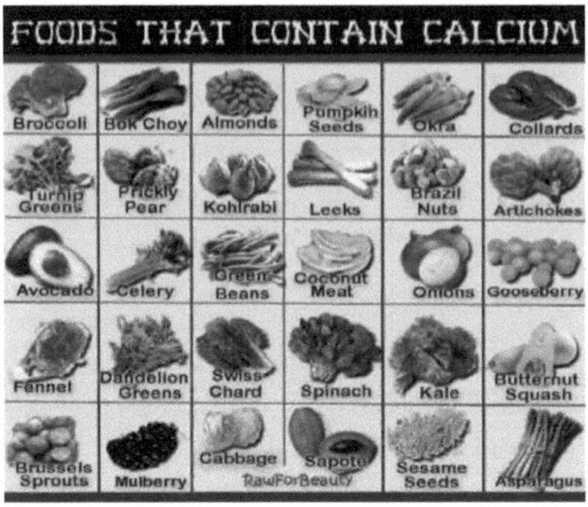

Figura 7: Fontes de cálcio

2.3.3.1 Tabela de classificação de nutrientes

Introdução à tabela do sistema de classificação de nutrientes

Para o ajudar a identificar melhor os alimentos que apresentam uma elevada concentração de nutrientes em relação às calorias que contêm, criámos um Sistema de Classificação de Alimentos. Este sistema permite-nos destacar os alimentos que são especialmente ricos em determinados nutrientes. O gráfico seguinte mostra os alimentos mais saudáveis do mundo que são uma fonte excelente, muito boa ou boa de cálcio.

Alimentação	Servir Tamanho	Cals	Montante (mg)	DRI/DV (%)	Nutriente Densidade	Mundial Mais saudável Classificação dos alimentos
Tofu	4 oz	164.4	774.51	77	8.5	Excelente
Colher Verdes	1 chávena	62.7	267.90	27	7.7	Excelente
Espinafres	1 chávena	41.4	244.80	24	10.6	Excelente
Nabo Verdes	1 chávena	28.8	197.28	20	12.3	Excelente
Mostarda Verdes	1 chávena	36.4	165.20	17	8.2	Excelente
Beterraba	1 chávena	38.9	164.16	16	7.6	Excelente

Verdes						
Bok Choy	1 chávena	20.4	158.10	16	14.0	Excelente
Iogurte	1 chávena	149.4	296.45	30	3.6	muito bom
Suíça Acelga	1 chávena	35.0	101.50	10	5.2	muito bom
Couve	1 chávena	36.4	93.60	9	4.6	muito bom
Canela	2 colheres de chá	12.8	52.10	5	7.3	muito bom
Sésamo	0,25 chávena	206.3	351.00	35	3.1	Bom
Sementes						
Sardinhas	3,20 oz	188.7	346.54	35	3.3	Bom
Queijo	1 oz	114.2	204.40	20	3.2	Bom
Vaca leite	4 oz	74.4	137.86	14	3.3	Bom
Couve	1 chávena	43.5	63.00	6	2.6	Bom
Brócolos	1 chávena	54.6	62.40	6	2.1	Bom
Bruxelas Rebentos	1 chávena	56.2	56.16	6	1.8	Bom
Verde Feijões	1 chávena	43.8	55.00	6	2.3	Bom
Laranjas	1 meio	61.6	52.40	5	1.5	Bom
verão Abóbora	1 chávena	36.0	48.60	5	2.4	Bom
Funcho	1 chávena	27.0	42.63	4	2.8	Bom
Salsa	0,50 chávena	10.9	41.95	4	6.9	Bom
Espargos	1 chávena	39.6	41.40	4	1.9	Bom
Aipo	1 chávena	16.2	40.40	4	4.5	Bom
Cominho	2 colheres de chá	15.8	39.10	4	4.5	Bom

Manjericão	0,50 chávena	4.9	37.52	4	13.8	Bom
Alho	6 dentes de alho	26.8	32.58	3	2.2	Bom
Oregãos	2 colheres de chá	5.3	31.94	3	10.8	Bom
Alho francês	1 chávena	32.2	31.20	3	1.7	Bom
Romaine Alface	2 chávenas	16.0	31.02	3	3.5	Bom
Cravinho	2 colheres de chá	11.5	26.54	3	4.2	Bom
Preto Pimenta	2 colheres de chá	14.6	25.69	3	3.2	Bom

Classificação dos alimentos mais saudáveis do mundo	Regra
excelente	DRI/DV>=75%OU Densidade>=7,6 E DRI/DV>=10%
muito bom	DRI/DV>=50%OU Densidade>=3,4 E DRI/DV>=5%
Bom	DRI/DV>=25%OU Densidade>=1,5 E DRI/DV>=2,5%

Quadro 7 : Os alimentos mais saudáveis do mundo que são uma excelente, muito boa ou boa fonte de cálcio.

2.3.4 Impacto da cozedura, armazenamento e transformação

O conteúdo de cálcio dos alimentos é notavelmente estável. O cálcio não se degrada nem se desprende dos alimentos à medida que estes são armazenados, e não parece haver qualquer alteração significativa na biodisponibilidade do cálcio ao longo do período de conservação das melhores fontes alimentares.

Alguns alimentos que contêm cálcio também contêm duas substâncias que têm uma longa história de controvérsia na investigação científica - o ácido oxálico e o ácido fítico. (Estas substâncias também podem ser referidas como "oxalatos" e "fitatos".) Tanto os oxalatos como os fitatos podem ligar-se ao cálcio e a outros minerais, e este processo de ligação reduz a quantidade de cálcio absorvido pelo nosso trato digestivo para o nosso corpo. Os fitatos nos alimentos são muitas vezes reduzidos pela germinação, e se gosta de sementes germinadas, feijões, nozes, legumes ou grãos, pode obter uma melhor nutrição mineral (incluindo a nutrição de cálcio) destes alimentos na forma germinada versus não germinada. A fermentação também pode reduzir o teor de fitatos de um alimento, especialmente se as bactérias e outros microrganismos utilizados na fermentação contiverem enzimas fitase que podem decompor os fitatos. Por esta razão, pode obter alguns benefícios acrescidos em termos de cálcio com o consumo de alimentos tradicionalmente fermentados que contenham cálcio, incluindo Tofu, Iogurte, alimentos alimentados com erva e chucrute.

Muitos alimentos transformados adicionam cálcio durante o processo de fabrico. Alguns são submetidos a um processo chamado fortificação, ou seja, a adição de sais de cálcio que não existiam originalmente. Os leites não lácteos, os sumos e os cereais de pequeno-almoço são normalmente fortificados com cálcio.

Outro exemplo específico de adição de cálcio na transformação de alimentos é o fabrico de tofu. Muitos produtos de tofu utilizam sulfato de cálcio para precipitar a soja sólida e rica em proteínas, sob a forma de coalhada, a partir de uma solução. Outros produtos de tofu utilizam sódio (referido como nigari) para coagular o produto sólido. A escolha de tofu feito com sulfato de cálcio quase duplica a quantidade de cálcio disponível por porção.

2.3.5 Risco de carência alimentar

A absorção do cálcio alimentar torna-se progressivamente menos eficiente com a idade, e absorvemos cerca de 0,2% menos por ano após os 40 anos. Isto pode não parecer muito, mas quando chegamos aos 60 e 70 anos, esta pequena alteração incremental é suficientemente grande para que as nossas necessidades diárias de cálcio tenham de aumentar. Dado que esta é também uma faixa etária em que a perda de densidade mineral óssea pode ocorrer rapidamente, a nutrição com cálcio é indiscutivelmente tão importante nas populações pós-menopáusicas e idosas como o é nas crianças e adolescentes.

É muito frequente os americanos não atingirem a dose diária recomendada de cálcio. As mulheres, em particular, não atingem a Dose Diária Recomendada (DDR), em média, em todos os grupos etários com mais de 8 anos de idade. Menos de 15% das raparigas adolescentes e menos de 10% das mulheres idosas (as populações que devem ter mais cuidado com a nutrição de cálcio) atingem os limiares das necessidades diárias através das suas dietas.

As pessoas que não consomem regularmente produtos lácteos são as que têm mais dificuldade em atingir um estado positivo de cálcio; isto pode dever-se ao facto de o adulto médio dos EUA não comer regularmente alimentos como verduras frescas e tofu, que também são fontes concentradas de cálcio. O americano médio ingere cerca de 1,8 chávenas das 3 chávenas recomendadas de produtos lácteos por dia, mas existe uma grande variabilidade individual nesta estimativa de ingestão.

2.3.6 Outras circunstâncias que podem contribuir para a deficiência

Mesmo que a sua dieta contenha cálcio suficiente de acordo com a norma DRI, ainda é possível estar em défice de cálcio, uma vez que muitos factores controlam a absorção, deposição e excreção de cálcio. Estes factores são aqueles que podem ser identificados por um profissional de saúde. Ao prestar atenção a estes factores, pode ser possível afetar o seu equilíbrio líquido de cálcio, mantendo o mineral durante mais tempo, bem como mantendo um fornecimento diário suficiente.

Um dos principais factores que contribuem para a nutrição do cálcio é a vitamina D. Níveis baixos de vitamina

D podem prejudicar a absorção de cálcio pelos intestinos. Em segundo lugar, níveis baixos de vitamina D podem prejudicar a capacidade dos rins e dos ossos de manterem níveis normais de cálcio em circulação. Uma vez que os níveis de vitamina D na dieta tendem a ser baixos na população, este facto acaba por ser um potencial amplificador dos problemas relacionados com a baixa ingestão de cálcio.

2.3.7 Relação com outros nutrientes

Muitos alimentos que contêm cálcio também contêm vitamina D. Estes dois nutrientes trabalham claramente em conjunto no metabolismo. Uma vez que o equilíbrio do cálcio e da vitamina D nos alimentos integrais e naturais é saudável, é melhor confiar nestes alimentos como fonte de ambos os nutrientes, e não há necessidade de se preocupar com o seu equilíbrio de cálcio e vitamina D se estiver a seguir um plano de refeições que é composto principalmente por alimentos integrais e naturais.

O cálcio pode competir com muitos outros minerais pela absorção, principalmente o magnésio, o zinco e o ferro. No entanto, com uma ingestão alimentar de até 1500 mg por dia, esta interação não parece ser clinicamente importante. Se ingere habitualmente mais de 1.500 mg de cálcio por dia, poderá ter de aumentar o seu aporte diário de ferro e zinco em conformidade.

As dietas ricas em sódio aumentam a perda de cálcio na urina. A dimensão do efeito da redução do sódio alimentar na perda óssea não é apenas uma preocupação académica. Os exemplos de menus no nosso site variam entre 1100 e 2400 mg de sódio por dia, enquanto as dietas americanas normais têm uma média de 4000 a 5000 mg por dia. Reduzindo o sódio da dieta desta forma, seria de esperar que mantivesse mais 20 ou mais mg de cálcio extra nos ossos todos os dias.

As proteínas da dieta têm uma relação complexa com o equilíbrio do cálcio. Pelo lado positivo, as dietas ricas em proteínas aumentam a produção de ácido gástrico, optimizando potencialmente a absorção intestinal de cálcio. Por outro lado, as proteínas alimentares também aumentam a perda de cálcio na urina. Com a ingestão de proteínas na dieta que a maioria dos americanos atinge, é muito provável que estas forças compensatórias se equilibrem mutuamente, não deixando qualquer efeito global. Em casos extremos de ingestão de proteínas, nomeadamente de desnutrição proteico-calórica, o equilíbrio do cálcio pode ser perturbado.

O álcool leva a uma perda modesta de cálcio na urina, que é marginal para a maioria dos adultos. Por exemplo, dar a homens adultos uma dose diária de álcool equivalente a pouco mais de quatro shots de licor não foi associado a uma alteração significativa na perda de cálcio na urina. No entanto, o abuso de álcool a longo prazo é um fator de risco para a perda óssea, provavelmente através de um mecanismo que envolve as hormonas que controlam os níveis sanguíneos de cálcio.

Embora o fitato presente nos alimentos vegetais possa prejudicar a absorção de cálcio, não parece que as dietas ricas em fitato estejam associadas à perda de densidade óssea. De facto, o oposto é verdadeiro - as dietas ricas em fitato têm sido associadas a melhorias na densidade mineral óssea. Esta é uma boa notícia, uma vez que os planos alimentares à base de plantas, como os aqui apresentados, são ricos em ácido fítico. Apesar de notarmos que algumas outras fontes discordam - particularmente os defensores das estratégias da dieta paleolítica - não recomendamos restringir os alimentos ricos em fitato para melhorar a absorção de cálcio em nenhuma circunstância.

2.3.8 Risco de toxicidade alimentar

A National Academy of Sciences (NAS), nas suas recomendações de saúde pública de 2010 para o cálcio, observou que quantidades excessivas de cálcio na dieta são "difíceis, não impossíveis" de atingir em adultos saudáveis normais. Nas suas recomendações de saúde pública de 2010 para o cálcio, a NAS estabeleceu as seguintes quantidades máximas recomendadas (a que chamam Níveis Máximos de Ingestão Toleráveis, ou ULs) para este mineral:

Níveis superiores de ingestão toleráveis (ULs) para o cálcio:

- 0-6 meses: 1.000 mg
- 6-12 meses: 1.500 mg
- 1-3 anos: 2.500 mg
- 4-8 anos: 2.500 mg
- 9-13 anos: 3.000 mg
- 14-18 anos: 3.000 mg
- 19-30 anos: 2.500 mg
- 31-50 anos: 2.500 mg
- 51+ anos: 2.000 mg
- Mulheres grávidas e lactantes (com menos de 18 anos): 3.000 mg
- Mulheres grávidas e lactantes (com mais de 18 anos): 2.500 mg

Para que uma pessoa de meia-idade ultrapasse este limite de 2.500 miligramas de ingestão de cálcio, teria de comer cerca de 10 chávenas de espinafres ou couve-galega (duas das nossas "excelentes" fontes de cálcio da WHFoods). Da mesma forma, uma pessoa teria de consumir cerca de 6 chávenas de iogurte para ultrapassar esta quantidade.

Existe uma doença chamada síndroma do leite e álcalis em que pode ocorrer uma desidratação grave relacionada com a ingestão excessiva de cálcio. Esta situação é quase sempre causada por suplementos de cálcio (ou medicamentos antiácidos que contêm cálcio), embora se saiba que existe um risco quando a ingestão de cálcio dietético é superior a 2000 mg por dia. . No entanto, como já foi referido, a ingestão de 2.000 miligramas num dia de alimentação é geralmente improvável. As pessoas com problemas renais ou com um risco especial de problemas renais são abrangidas por uma categoria especial. Nestas circunstâncias, recomendamos a consulta de um profissional de saúde para determinar a quantidade máxima ideal de cálcio na dieta.

Uma vez que temos um controlo hormonal tão elaborado dos nossos níveis de cálcio, é muito mais provável que o excesso de cálcio se deva a uma condição médica do que à ingestão de demasiados alimentos ricos em cálcio.

1.1.1.1 Lista de controlo de doenças

- Osteoporose / saúde óssea
- Pressão arterial elevada (hipertensão)
- Colesterol elevado (hiperlipidemia)
- Doença do refluxo gastroesofágico (DRGE)
- Gravidez e aleitamento
- Pré-eclâmpsia

2.3.9 Perturbações devidas ao cálcio

Deficiência

- Um balanço negativo de cálcio ocorre quando a absorção líquida de cálcio é incapaz de substituir as perdas
- Os sintomas mais dramáticos manifestam-se nos dentes e nos ossos de seres humanos e animais jovens → atraso no crescimento, má qualidade dos ossos e dos dentes e malformação dos ossos Hipocalcemia (níveis baixos de cálcio sérico no sangue provocam uma excitação do sistema nervoso)
- Osteoporose (a reabsorção óssea excede a formação)
- Ocorre sobretudo nas mulheres. O aumento da perda óssea e das fracturas osteoporóticas com a idade é uma consequência da deficiência de cálcio
- A osteomalácia, a tetania e os cálculos renais são outras doenças relacionadas com o cálcio

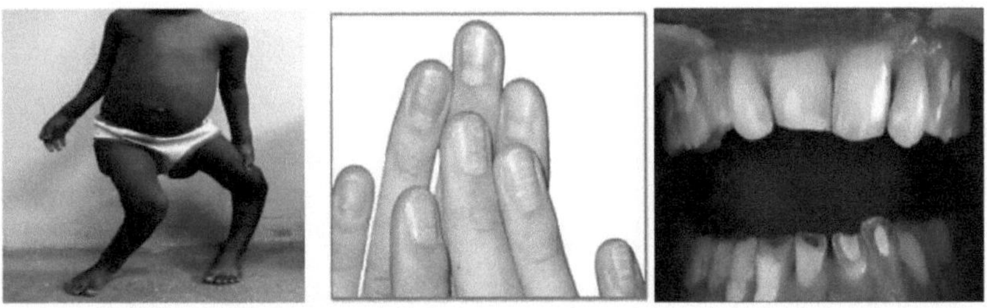

Figura 8: Perturbações por deficiência de cálcio

Excesso

A UL para o cálcio é de 2500 mg/dia. A MAS (síndrome do leite alcalino) é uma doença rara e potencialmente fatal em indivíduos que consomem grandes quantidades de cálcio e álcalis. A doença é caracterizada por insuficiência renal, alcalose e hipercalcemia: causam depressão progressiva do sistema nervoso.

2.3.10 Recomendações de saúde pública

Em 2010, a Academia Nacional de Ciências publicou actualizações da Dose Dietética de Referência (DRI) que incluíam as Doses Dietéticas Recomendadas (DDR) para objectivos de ingestão de cálcio específicos por idade e sexo[25][26][27]. Essas RDAs são as seguintes.

- 0-6 meses: 200 mg
- 6-12 meses: 260 mg
- 1-3 anos: 700 mg
- 4-8 anos: 1.000 mg
- 9-13 anos: 1.300 mg
- 14-18 anos: 1,300mg
- 19-30 anos: 1.000mg
- 31-50 anos: 1.000mg
- 51-70 anos, mulher: 1.200 mg
- 51-70 anos, homem: 1.000 mg
- Mais de 70 anos: 1.200 mg
- Mulheres grávidas ou a amamentar, 14-18 anos: 1.300 mg
- Mulheres grávidas ou a amamentar, 19-50 anos: 1.300 mg

CAPÍTULO 3

MAGNÉSIO

3. MAGNÉSIO

O magnésio é um mineral fundamental para o metabolismo humano e encontra-se em quantidades pequenas a médias em muitos dos alimentos mais saudáveis do mundo. De facto, o magnésio é necessário para mais de 300 reacções químicas no corpo humano. É o oitavo elemento mais abundante na crosta terrestre. Aproximadamente 50% do magnésio total do corpo encontra-se nos ossos. A outra metade encontra-se predominantemente no interior das células dos tecidos e órgãos do corpo. Apenas 1% do magnésio é encontrado no sangue, mas o corpo trabalha arduamente para manter os níveis sanguíneos de magnésio constantes. Uma razão provável para esta ingestão deficiente de magnésio é a tendência da dieta média dos EUA para se concentrar predominantemente em alimentos de conveniência altamente processados, em detrimento dos vegetais de folhas verdes, nozes e sementes, e legumes que estão entre as nossas melhores fontes alimentares do mineral. Cada vez mais, os investigadores estão a tomar consciência de uma ligação entre uma nutrição pobre em magnésio e o risco de várias doenças crónicas importantes.

3.1 Papel no apoio à saúde

3.1.1 Cria e mantém a integridade óssea

Cerca de 50 a 60% do magnésio de uma pessoa é armazenado no osso e, como tal, desempenha um papel fundamental no metabolismo ósseo. Os investigadores descobriram que mesmo uma deficiência ligeira de magnésio pode levar a uma perda óssea significativa.

Parte da forma como isto ocorre é que quando a ingestão de magnésio é demasiado baixa, os níveis da hormona paratiroide baixam. Isto leva a uma absorção reduzida de cálcio nos intestinos, bem como a um aumento da perda de cálcio e magnésio na urina.

Foi estabelecida uma ligação entre a ingestão adequada de magnésio e a melhoria da densidade mineral óssea ao longo de todo o ciclo de vida, desde os adolescentes até aos homens e mulheres idosos. Os investigadores também conseguiram induzir a osteoporose em estudos com animais através de dietas com baixo teor de magnésio - dietas que seriam semelhantes (pelo menos no que diz respeito à ingestão de %DV) às dietas de rotina com baixo teor de magnésio que os seres humanos habitualmente consomem.

3.1.2 Permite a produção de energia

A produção de energia é uma tarefa essencial das nossas células. Esta tarefa é complicada e envolve dezenas de reacções químicas, todas intimamente relacionadas e que decorrem numa sequência muito especial. A menos que estas reacções químicas possam ocorrer na ordem exacta necessária, não obtemos a produção de energia de que necessitamos nas nossas células. Dentro desta sequência de produção de energia, o magnésio desempenha um papel importante. Muitas das reacções químicas não podem ocorrer a menos que o magnésio esteja presente como "co-fator" para as enzimas que permitem a produção de energia. As enzimas são moléculas de proteína que facilitam a ocorrência de reacções químicas em todo o corpo, incluindo reacções químicas relacionadas com a produção de energia. Os cofactores são nutrientes que devem ser acoplados às enzimas para que estas funcionem.

Com base no papel do magnésio na produção de energia dentro das nossas células, níveis baixos podem ser um dos potenciais factores que contribuem para a fadiga. Uma vez que a deficiência de magnésio é difícil de testar através de análises ao sangue ou de análises laboratoriais equivalentes, não é claro qual a percentagem de sintomas de fadiga que são causados ou contribuídos pelo magnésio. No entanto, se olharmos para as alterações nos sintomas de fadiga dos estudos em que os participantes receberam suplementos de magnésio em níveis pelo menos tão elevados como a Dose Diária Recomendada (DDR) e juntarmos estes resultados do estudo com a informação que já sabemos sobre a baixa ingestão de magnésio pelo adulto médio dos EUA, podemos concluir que a baixa ingestão de magnésio na dieta aumenta o nosso risco de fadiga.

3.1.3 Mantém o equilíbrio do sistema nervoso

Os receptores são moléculas especiais ao longo das nossas membranas celulares que ajudam as mensagens químicas a entrar e a sair das nossas células. Todas as células do nosso corpo têm receptores de membrana. Entre os mais bem estudados estão os receptores que se encontram ao longo das membranas das nossas células cerebrais. Um destes receptores das células cerebrais é referido como o recetor NMDA. (NMDA significa N-metil-d-aspartato.) O recetor NMDA é conhecido por ser o local onde alguns anestésicos e drogas recreativas afectam a nossa função cerebral.

O magnésio desempenha um papel fundamental na atividade dos nossos receptores NMDA. Estudos de investigação demonstraram que quando o magnésio na nossa dieta é baixo, temos um risco acrescido de depressão, e este risco acrescido está provavelmente relacionado com problemas nos nossos receptores NMDA. Um longo historial de provas publicadas que demonstram que o tratamento com magnésio pode ter um efeito antidepressivo - isto foi publicado pela primeira vez em 1921 - sugere que o baixo teor de magnésio pode realmente causar depressão.

3.1.4 Melhora o controlo da inflamação

Uma dieta pobre em magnésio tem sido associada a aumentos indesejados no processo inflamatório. Embora uma certa quantidade de inflamação seja necessária para apoiar a função imunitária normal e a reparação dos tecidos após uma lesão, a inflamação crónica e de baixo grau tem sido cada vez mais associada ao aumento do risco de doenças cardíacas, obesidade e diabetes.

O restabelecimento dos níveis de magnésio para as doses recomendadas levou à normalização da inflamação em ensaios clínicos. Por exemplo, um grande ensaio clínico descobriu que uma estratégia de dieta nórdica - uma dieta rica em peixe, cereais integrais e vegetais como fontes de magnésio - levou a uma supressão do importante fator de inflamação interleucina-1.

3.1.5 Melhora o controlo do açúcar no sangue

O magnésio é um co-fator para mais de 100 enzimas envolvidas no controlo do metabolismo do açúcar e da glicose no sangue. Como tal, seria de esperar que um baixo nível de magnésio tivesse efeitos adversos de grande amplitude no controlo do açúcar no sangue. Os investigadores conseguiram demonstrar tanto um agravamento do controlo do açúcar no sangue em indivíduos com baixo nível de magnésio como melhorias no açúcar no sangue quando estes níveis baixos começam a normalizar. Abordamos este assunto com mais pormenor na secção intitulada "Outras circunstâncias que podem contribuir para a deficiência".

3.2 Fontes alimentares de magnésio

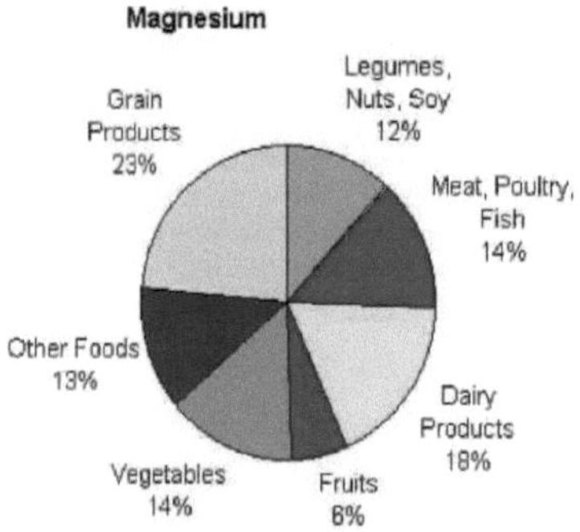

Figura 9: Fontes de magnésio

Embora existam poucas fontes alimentares que sejam surpreendentemente ricas em magnésio, um grande número de alimentos contém quantidades relevantes deste importante mineral. De facto, quase metade dos nossos Alimentos Mais Saudáveis do Mundo são classificados como boas, muito boas ou excelentes fontes de magnésio. Apenas três dos nossos WHFoods se qualificam como uma excelente fonte de magnésio - espinafres, acelga e beterraba. Juntam-se a eles como fontes muito boas três alimentos adicionais (sementes de abóbora, nabiças e abóbora de verão).

Os nossos 20 melhores WHFoods para o magnésio também incluem numerosas leguminosas, nozes e sementes. As leguminosas mais ricas em magnésio são o feijão-marinho, o tempeh (soja fermentada), o feijão-fradinho, o feijão-de-lima e o feijão-frade. Os frutos secos e as sementes mais ricos em magnésio são as sementes de abóbora, as sementes de sésamo, as sementes de girassol, os cajus e as amêndoas. Entre os nossos cereais, a cevada, o trigo sarraceno, o arroz integral, a quinoa e o painço também se encontram entre os 25 alimentos mais ricos em magnésio. Embora alguns frutos estejam classificados como boas fontes de magnésio, normalmente não se recorre aos frutos para obter magnésio, nem aos produtos lácteos ou à carne.

Dentro da categoria das leguminosas, gostaríamos de mencionar um produto especial à base de soja que pode ser significativamente mais rico em magnésio. Quando os grãos de soja são transformados em tofu, uma forma específica de tofu - normalmente designada por "tofu nigari" ou "tofu preparado a partir de flocos de nigari" - contém normalmente quantidades mais elevadas de magnésio do que outras formas de tofu. Isto deve-se ao facto de o cloreto de magnésio ser normalmente utilizado como coagulante para coalhar o leite de soja nesta forma de tofu.

A água potável pode ser surpreendentemente rica em magnésio, mas o conteúdo de magnésio da água varia drasticamente. De um modo geral, a água que é deixada a percolar através de solo e rocha ricos em magnésio pode apanhar uma grande quantidade de magnésio. Já vimos águas minerais engarrafadas, por exemplo, que fornecem mais de 100 miligramas de magnésio por litro. Este nível significa 25% do Valor Diário (VD) numa garrafa de água de um litro. Também vimos abastecimentos de água municipais nos EUA que fornecem quase 50 miligramas de magnésio por litro. No entanto, também vimos relatórios sobre abastecimentos de água municipais nos EUA que não contêm qualquer magnésio. Se estiver a beber água da torneira do seu abastecimento de água local, será normalmente o seu distrito de água local ou o seu distrito de serviços públicos local que está encarregado de monitorizar a qualidade da sua água potável, incluindo o seu conteúdo de magnésio. Eles poderão fornecer-lhe números reais. Normalmente, estes números são comunicados em termos de partes por milhão ou ppm. (Para que saiba como converter os números, aqui ficam dois exemplos: Se a sua água potável local contiver 9 ppm de magnésio, essa quantidade é igual a 9 miligramas por litro, enquanto que se contiver 90 ppm, essa quantidade é igual a 90 miligramas por litro).

Alimentação	**Cals**	**DRI/DV (%)**
Feijões marinhos	255	24
Sementes de girassol	204	28
Cajus	221	29
feijão preto	227	30
Quinoa	222	30
Sementes de sésamo	206	32
Soja	298	37
Pátio suíço	35	38

Espinafres	41	39
Sementes de abóbora	180	48

Quadro 8: Fontes de magnésio

3.3 Tabela de classificação de nutrientes

Introdução à tabela do sistema de classificação de nutrientes

Para o ajudar a identificar melhor os alimentos que apresentam uma elevada concentração de nutrientes em relação às calorias que contêm, criámos um Sistema de Classificação de Alimentos. Este sistema permite-nos destacar os alimentos que são especialmente ricos em determinados nutrientes. O gráfico seguinte mostra os alimentos mais saudáveis do mundo que são uma fonte excelente, muito boa ou boa de magnésio. Junto ao nome de cada alimento, encontrará o tamanho da porção que utilizámos para calcular a composição nutricional do alimento, as calorias contidas na porção, a quantidade de magnésio contida numa porção do alimento, a percentagem do Valor Diário (DV%) que esta quantidade representa, a densidade nutricional que calculámos para este alimento e nutriente e a classificação que estabelecemos no nosso sistema de classificação. Para a maioria das nossas classificações de nutrientes, adoptámos as normas governamentais para a rotulagem de alimentos que se encontram nos "Valores de Referência para a Rotulagem Nutricional" da U.S. Food and Drug Administration. Leia mais informações de base e pormenores do nosso sistema de classificação[28][29][30].

Alimentação	Servir Tamanho	Cals	Montante (mg)	DRI/DV (%)	Nutriente Densidade	Mundial Mais saudável Classificação dos alimentos
Espinafres	1 chávena	41.4	156.60	39	17.0	Excelente
Acelgas	1 chávena	35.0	150.50	38	19.4	Excelente
Beterraba	1 chávena	38.9	97.92	24	11.3	Excelente
Abóbora Sementes	0,25 chávena	180.3	190.92	48	4.8	muito bom
verão	1 chávena	36.0	43.20	11	5.4	muito bom
Abóbora						
Nabo Verdes	1 chávena	28.8	31.68	8	4.9	muito bom
Soja	1 chávena	297.6	147.92	37	2.2	Bom
Sésamo	0,25	206.3	126.36	32	2.8	Bom

Sementes	chávena					
Feijão preto	1 chávena	227.0	120.40	30	2.4	Bom
Quinoa	0,75 chávena	222.0	118.40	30	2.4	Bom
Cajus	0,25 chávena	221.2	116.80	29	2.4	Bom
Girassol Sementes	0,25 chávena	204.4	113.75	28	2.5	Bom
Feijões marinhos	1 chávena	254.8	96.46	24	1.7	Bom
Tempeh	4 oz	222.3	87.32	22	1.8	Bom
Trigo mourisco	1 chávena	154.6	85.68	21	2.5	Bom
Feijão Pinto	1 chávena	244.5	85.50	21	1.6	Bom
Arroz integral	1 chávena	216.4	83.85	21	1.7	Bom
Cevada	0,33 chávena	217.1	81.57	20	1.7	Bom
Feijão-de-lima	1 chávena	216.2	80.84	20	1.7	Bom
painço	1 chávena	207.1	76.56	19	1.7	Bom
Rim Feijões	1 chávena	224.8	74.34	19	1.5	Bom
Aveia	0,25 chávena	151.7	69.03	17	2.0	Bom
Tofu	4 oz	164.4	65.77	16	1.8	Bom
Amêndoas	0,25 chávena	132.2	61.64	15	2.1	Bom
Centeio	0,33 chávena	188.5	61.35	15	1.5	Bom
Trigo	1 chávena	151.1	58.24	15	1.7	Bom
Papaia	1 médio	118.7	57.96	14	2.2	Bom

Sementes de linhaça	2 COLHERES DE SOPA	74.8	54.88	14	3.3	Bom
Ervilhas verdes	1 chávena	115.7	53.72	13	2.1	Bom
Atum	4 oz	147.4	47.63	12	1.5	Bom
Vieiras	4 oz	125.9	41.96	10	1.5	Bom
Colher Verdes	1 chávena	62.7	39.90	10	2.9	Bom
Beterraba	1 chávena	74.8	39.10	10	2.4	Bom
Brócolos	1 chávena	54.6	32.76	8	2.7	Bom
Bruxelas Rebentos	1 chávena	56.2	31.20	8	2.5	Bom
Framboesas	1 chávena	64.0	27.06	7	1.9	Bom
inverno Abóbora	1 chávena	75.8	26.65	7	1.6	Bom
Couve	1 chávena	43.5	25.50	6	2.6	Bom
Espargos	1 chávena	39.6	25.20	6	2.9	Bom
Couve	1 chávena	36.4	23.40	6	2.9	Bom
Verde	1 chávena	43.8	22.50	6	2.3	Bom
Feijões						
Tomates	1 chávena	32.4	19.80	5	2.8	Bom
Cantaloupe	1 chávena	54.4	19.20	5	1.6	Bom
Morangos	1 chávena	46.1	18.72	5	1.8	Bom
Bok Choy	1 chávena	20.4	18.70	5	4.1	Bom
Mostarda Verdes	1 chávena	36.4	18.20	5	2.2	Bom
Cominho	2 colheres de chá	15.8	15.37	4	4.4	Bom
Salsa	0,50	10.9	15.20	4	6.3	Bom

	chávena					
Melancia	1 chávena	45.6	15.20	4	1.5	Bom
Mostarda Sementes	2 colheres de chá	20.3	14.80	4	3.3	Bom
Funcho	1 chávena	27.0	14.79	4	2.5	Bom
Alho francês	1 chávena	32.2	14.56	4	2.0	Bom
Manjericão	0,50 chávena	4.9	13.57	3	12.5	Bom
Pepino	1 chávena	15.6	13.52	3	3.9	Bom
Romaine Alface	2 chávenas	16.0	13.16	3	3.7	Bom
Couve-flor	1 chávena	28.5	11.16	3	1.8	Bom
Aipo	1 chávena	16.2	11.11	3	3.1	Bom
Sino Pimentos	1 chávena	28.5	11.04	3	1.7	Bom
Cravinho	2 colheres de chá	11.5	10.88	3	4.3	Bom

Classificação dos alimentos mais saudáveis do mundo	**Regra**
Excelente	DRI/DV>=75% Densidade>=7,6 E DRI/DV>=10%
muito bom	DRI/DV>=50% Densidade>=3,4 E DRI/DV>=5%
Bom	DRI/DV>=25% Densidade>=1,5 E DRI/DV>=2,5%

Tabela 9 : Os alimentos mais saudáveis do mundo que são uma fonte excelente, muito boa ou boa de magnésio.

3.4 Impacto da cozedura, armazenamento e transformação

O magnésio - como todos os minerais - é um elemento que sempre existiu na terra, nos alimentos e no nosso corpo. Neste contexto, algumas pessoas olham para o magnésio (e outros minerais) não só como estando sempre inalterado na história do planeta, mas também como sendo imutável na sua própria natureza como elemento. De uma perspetiva alimentar, no entanto, pensamos que faz mais sentido tratar o magnésio como um nutriente que pode sofrer alterações, porque o magnésio não é normalmente encontrado nos alimentos na sua forma elementar simples. Por exemplo, na água potável, o magnésio encontra-se frequentemente sob a forma de sais dissolvidos, como o cloreto de magnésio ou o sulfato de magnésio. Nos alimentos vegetais, ocorre frequentemente como parte da molécula de clorofila. (A clorofila é um pigmento verde que não só dá a cor a muitas plantas, como também lhes permite transformar a luz solar em energia). Estas diferentes formas alimentares de magnésio podem ser alteradas através da cozedura.

Embora não apareçam nas nossas principais fontes de magnésio do WHFoods, os cereais integrais podem ainda ser uma boa fonte deste mineral. No entanto, muito do seu conteúdo de magnésio pode ser perdido através do processo de refinação. Por exemplo, a farinha de trigo integral contém cerca de seis vezes mais magnésio por peso em comparação com a farinha branca. (Com o termo "farinha branca", estamos a referir-nos ao trigo integral que foi submetido a 60% de extração durante a moagem, de tal forma que 40% do grão original - principalmente a parte do farelo e do germe - foi removido durante a moagem. Ao contrário de algumas vitaminas e minerais que são reduzidos ou totalmente perdidos durante o processamento de grãos (pelo menos 19 nutrientes sofrem perda de processamento), o magnésio não é adicionado de volta às farinhas de grãos processados para "enriquecer" os produtos finais de grãos. A Food and Drug Administration (FDA) apenas estabeleceu normas de enriquecimento para quatro nutrientes perdidos durante a transformação dos cereais (vitaminas B1, B2, B3 e o mineral ferro). Apesar de o magnésio se perder durante a transformação dos cereais, a FDA não estabeleceu qualquer norma para o enriquecimento com magnésio dos produtos à base de cereais. Por esta razão, se decidir incorporar cereais no seu plano de refeições como uma possível fonte de magnésio, os produtos de cereais integrais são a melhor forma de obter o máximo de magnésio possível dos seus cereais.

3.5 Equilíbrio do magnésio

A absorção intestinal fraccionada de magnésio está inversamente relacionada com a ingestão; 65% com uma ingestão baixa e 11% com uma ingestão elevada. A maior parte da absorção ocorre no íleo e no cólon. Em doses normais, a absorção é principalmente passiva. Durante uma ingestão baixa de magnésio, pode ser demonstrado um componente saturável da absorção de magnésio. Os factores que controlam a absorção de magnésio não são bem conhecidos. Estudos sugerem um papel da hormona paratiroide (PTH) na regulação da absorção de magnésio, mas o papel da vitamina D e do seu metabolito ativo 1,25 dihidroxivitamina D é mais controverso. Os fitatos presentes na alimentação ligam-se ao magnésio e prejudicam a sua absorção. No entanto, as quantidades presentes na alimentação normal não afectam a absorção de magnésio. Outros factores alimentares que se pensa poderem afetar a absorção do magnésio são o oxalato, o fosfato, as proteínas, o potássio e o zinco.

O rim desempenha um papel importante na homeostase do magnésio e na manutenção da concentração de magnésio no plasma.

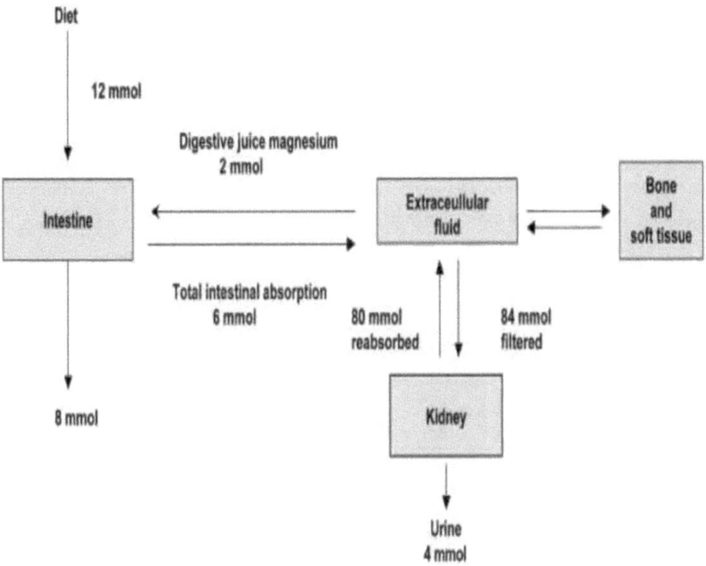

Figura 10: Distribuição do magnésio no organismo

3.5.1 Factores que afectam a reabsorção tubular de magnésio

Os vários factores que afectam a reabsorção do magnésio incluem a concentração plasmática de magnésio/estado do magnésio, a taxa de filtração glomerular, o estado do volume, as hormonas, a PTH, a calcitonina, a hormona antidiurética, o glucagon, a insulina, a depleção de fosfato, o estado ácido-base, a hipercalcemia, os diuréticos e outros factores.

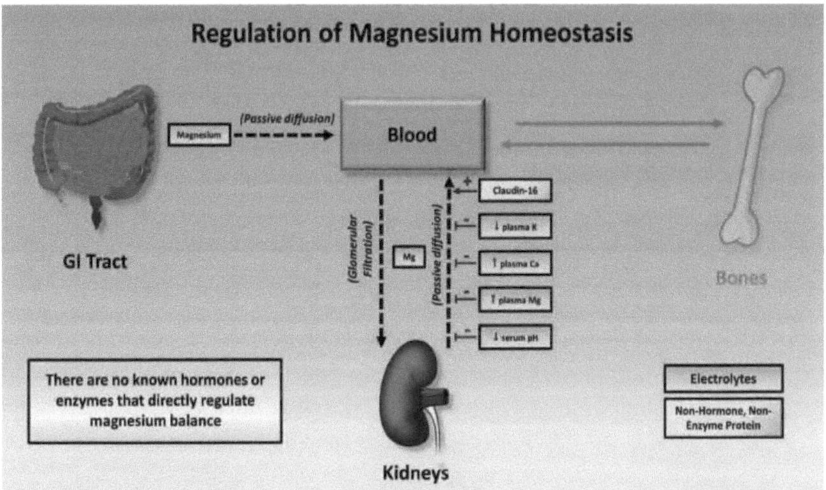

Figura 11 : Regulação da homeostase do magnésio

3.6 Risco de carência alimentar

Nos Estados Unidos, o risco de deficiência de magnésio na dieta é muito elevado. De facto, o adulto médio dos EUA fica muito aquém do Valor Diário (VD) de 400 mg por dia e consome apenas 266 miligramas de magnésio dos alimentos. Uma vez que alguns alimentos são fortificados com magnésio adicionado, o adulto médio dos EUA obtém mais 10 miligramas de magnésio através da fortificação. Isso eleva o total de alimentos para 276 miligramas, com outros 34 miligramas (em média) de suplementos dietéticos, para um total geral de 310 miligramas - ainda apenas três quartos do DV.

Entre os dez alimentos que mais contribuem para a ingestão total de magnésio na América estão itens como o café, a cerveja e as batatas fritas. Não é que estes alimentos sejam boas fontes de magnésio, apenas porque comemos (ou bebemos) muitos deles.

Uma dieta rica em vegetais de folha verde, legumes, frutos secos e sementes - e, em menor grau, em cereais integrais - seria a melhor forma de limitar o risco de deficiência de magnésio. Duas porções diárias de cada uma destas categorias podem colocá-lo dentro ou acima do DV de magnésio.

3.6.1 Outras circunstâncias que podem contribuir para a deficiência

Um dos factores mais importantes que contribuem para a deficiência de magnésio é o açúcar elevado no sangue, incluindo a diabetes. A obesidade também está relacionada com a deficiência de magnésio, mas atualmente pensa-se que esta relação é o resultado de elevações do açúcar no sangue.

Surpreendentemente, parece que a relação entre dietas pobres em magnésio e níveis elevados de açúcar no sangue vai em ambas as direcções - por outras palavras, uma dieta pobre em alimentos ricos em magnésio tende a levar a um mau controlo do açúcar no sangue. Este mau controlo do açúcar no sangue, por sua vez, agrava o baixo nível de magnésio. Para quebrar esta sequência indesejada de eventos, um grupo de nutricionistas da Universidade Tufts sugeriu que os adultos mais velhos deveriam ser aconselhados sobre a importância de comer vegetais verdes, legumes e grãos integrais como fontes de magnésio.

A taxa de deficiência de magnésio aumenta com a idade, sendo que a ingestão média nos idosos diminui 25% ou mais em relação aos adultos de meia-idade. Os afro-americanos têm taxas muito mais elevadas de deficiência de magnésio do que os caucasianos.

Verificou-se também que os doentes idosos com insuficiência cardíaca e doença pulmonar obstrutiva crónica (DPOC) apresentam um risco elevado de deficiência de magnésio. Em ambas as patologias, a melhoria dos níveis de magnésio tem-se revelado benéfica para a saúde em pequenos ensaios de investigação.

Os medicamentos também podem diminuir os níveis de magnésio. Em particular, as pessoas que tomam diuréticos devem falar com o seu médico sobre a importância de garantir um bom fornecimento de magnésio na dieta.

3.7 Relação com outros nutrientes

O magnésio, o cálcio e o fósforo têm uma relação complexa no que respeita à absorção no intestino. A quantidade de cada um destes nutrientes que entra na corrente sanguínea e que se perde nas fezes varia consoante a quantidade relativa, o equilíbrio hormonal e até a hora do dia.

Em geral, mais magnésio tende a reduzir a absorção de fósforo. Isto não é necessariamente um problema, uma vez que a dieta média dos EUA não corresponde a uma deficiência de fósforo.

A relação entre o cálcio e o magnésio tem sido objeto de um interesse de investigação de longa data. Há muito que os cientistas sabem que estes dois minerais pertencem à mesma família de elementos (metais alcalino-terrosos), têm a mesma carga eléctrica (2+) e apresentam uma relação previsível em diferentes tipos de solo. No entanto, só em estudos recentes é que se conheceram mais pormenores específicos sobre o cálcio e o magnésio em termos de ingestão alimentar e de taxa de absorção. Acontece que a absorção de magnésio pelo nosso intestino depende não só da quantidade de magnésio presente, mas também da quantidade de cálcio presente, porque as células que revestem o nosso intestino têm um único ponto (chamado recetor CaSR) para absorver estes minerais. Em termos práticos, estas circunstâncias sugerem que a nossa alimentação deve ser equilibrada em termos de magnésio, de cálcio e da relação entre estes dois minerais.

Na World's Healthiest Foods, recomendamos 400 miligramas de magnésio por dia (a quantidade do Valor Diário) e 1000 miligramas de cálcio por dia (o nível de Ingestão Dietética de Referência para mulheres entre os 19 e os 50 anos de idade). Estas recomendações combinam-se para formar um rácio de cálcio:magnésio de 2,5:1. Uma vez que o adulto médio dos EUA apenas ingere em média 266 miligramas de magnésio dos alimentos, em comparação com aproximadamente 1.000 miligramas de cálcio dos alimentos (cerca de 1.150 miligramas para homens com 20 anos ou mais e cerca de 900 miligramas para mulheres com 20 anos ou mais), uma relação média de cálcio:magnésio na dieta dos EUA seria de aproximadamente 3,75:1, ou 50% maior do que uma relação baseada nas nossas recomendações WHFoods. Uma vez que muitas pessoas nos EUA (especialmente as mulheres) não consomem atualmente cálcio suficiente na sua dieta, seria um grande erro para a maioria das pessoas tentar equilibrar a sua relação cálcio:magnésio cortando nos alimentos ricos em cálcio. Por isso, para conseguir um rácio mais baixo, uma maior ênfase nos alimentos ricos em magnésio parece ser a melhor abordagem.

3.8 Risco de toxicidade alimentar

O risco de toxicidade alimentar do magnésio para adultos saudáveis é muito baixo. A ingestão excessiva de magnésio proveniente de suplementos tem sido associada a fezes moles, mas é improvável que tal ocorra apenas através dos alimentos. Reflectindo este baixo risco, o Instituto de Medicina (IOM) da Academia Nacional de Ciências não estabeleceu nenhum limite superior para a ingestão de magnésio na dieta.

Pessoas com insuficiência renal, especialmente se estiverem em diálise, provavelmente precisarão de trabalhar com um especialista em nutrição treinado para obter recomendações seguras sobre a ingestão de magnésio. As recomendações deste site não são apropriadas para pacientes em diálise.

3.8.1 Lista de controlo de doenças

- Doença das artérias coronárias
- Arritmia
- Prolapso da válvula mitral
- Insuficiência cardíaca congestiva
- Hipertensão
- Diabetes
- Osteoporose
- Cãibras musculares
- Fadiga crónica
- Depressão
- Ansiedade
- Asma
- DPOC / Enfisema
- Doença do fígado gordo (NASH)

3.8.2 Perturbações do magnésio

Hipomagnesemia, que resulta em níveis baixos de cálcio no sangue, cãibras musculares, espasmos ou convulsões, náuseas, fraqueza, irritabilidade e confusão. Doenças crónicas como doenças cardíacas, hipertensão arterial, osteoporose e diabetes tipo 2. Os primeiros sinais de deficiência de magnésio incluem perda de apetite, náuseas, vómitos, fadiga e fraqueza. A hipomagnesemia não é frequentemente detectada. A medição da concentração sérica de magnésio em 1000 amostras recebidas para determinação de electrólitos mostrou que apenas 10% dos doentes hipomagnesémicos tinham magnésio solicitado. Assim, foi sugerido que o magnésio deveria ser determinado por rotina em todos os doentes agudos, especialmente naqueles com condições, doenças ou tratamentos que possam predispor à deficiência de magnésio.

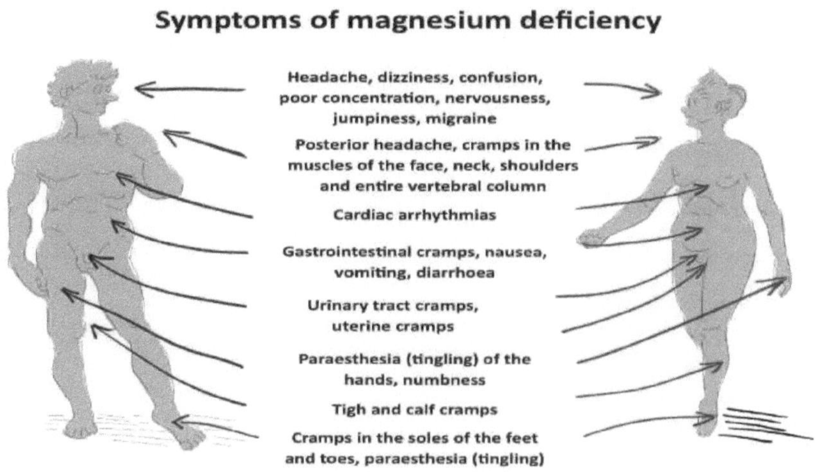

Figura 12: Sintomas de deficiência de magnésio

Hipermagnesemia

A prevalência da hipermagnesémia varia entre 5,7% e 9,3%. As concentrações séricas de magnésio mais elevadas registadas até agora são 18 mmol/L num bebé prematuro de 33 semanas e 13,4 mmol/L numa mulher de 78 anos que engoliu água do Mar Morto. De facto, a hipermagnesemia grave parece ser uma caraterística dos doentes que se afogam no Mar Morto. A hipermagnesémia ocorre geralmente devido à administração excessiva de sais de magnésio ou de medicamentos contendo magnésio, especialmente em doentes com função renal reduzida. Raramente, a hipermagnesémia pode dever-se à redistribuição a partir das células

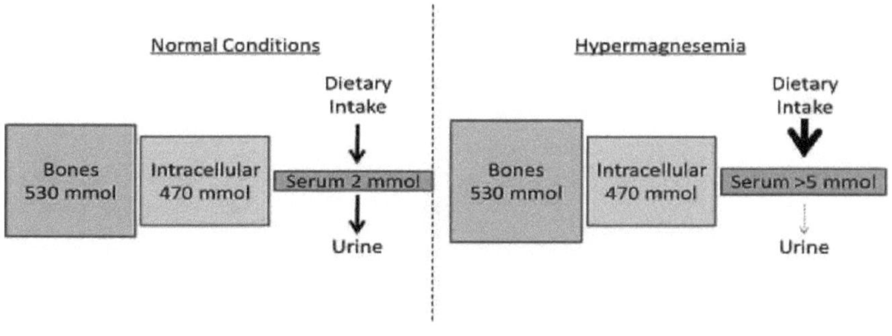

Figura 13 : Comparação entre condições normais e hipermagnesémicas

3.9 Recomendações de saúde pública

Em 1997, a Academia Nacional de Ciências estabeleceu um conjunto de Doses Dietéticas de Referência (DRIs) para o magnésio que incluía as Doses Dietéticas Recomendadas (RDAs) de magnésio específicas para a idade e o género. Note-se que a recomendação para bebés dos 0 aos 12 meses de idade é uma recomendação de ingestão adequada (IA) e não uma DDR. As AIs e RDAs são as seguintes:

- 0-6 meses: 30 mg

7-12 meses: 75 mg

- 1-3 anos: 80 mg
- 9-13 anos: 240 mg
- 14-18 anos, mulher: 360 mg
- 14-18 anos, homem: 360 mg
- 19-30 anos, mulher: 310 mg
- 19-30 anos, homem: 400 mg
- 31+ anos, mulher: 320 mg
- 31+ anos, homem: 400mg
- Mulheres grávidas, 14-18 anos: 400 mg
- Mulheres grávidas, 19-30 anos: 350 mg
- Mulheres grávidas, 31-50 anos: 360 mg
- Mulheres lactantes, 14-18 anos: 360 mg
- Mulheres lactantes, 19-30 anos: 310 mg
- Mulheres lactantes, 31-30 anos: 320 mg

A U.S. Food and Drug Administration (FDA) definiu 400 miligramas de magnésio como a sua quantidade diária recomendada, ou Valor Diário (DV). Os VDs são os padrões que se vêem no Painel de Informação Nutricional de um alimento embalado. Utilizámos este DV de magnésio como a nossa quantidade diária recomendada pela WHFoods.

CAPÍTULO 4

FÓSFORO

4. FÓSFORO

O fósforo pode ser um mineral menos conhecido do que os outros minerais com os quais é normalmente agrupado (como o cálcio ou o magnésio), mas não é nem um pouco menos importante. O fósforo faz parte de todas as células humanas, da maioria dos equilíbrios de fluidos em todo o corpo, dos principais processos genéticos (através do seu papel como um componente do ARN e do ADN) e de uma extensa lista de outros processos centrais para a nossa saúde. Não só 75 dos nossos alimentos são classificados como excelentes, muito bons ou boas fontes deste mineral, mas também pode encontrar fontes classificadas de fósforo em cada um dos nossos grupos de alimentos. De facto, seria difícil conceber uma dieta baseada em WHFoods que satisfizesse as suas necessidades calóricas e que, no entanto, não lhe fornecesse a quantidade de fósforo de que necessita.

Nos últimos anos, surgiu uma grande controvérsia sobre os riscos para a saúde envolvidos na ingestão excessiva de fósforo através do aumento do consumo de refrigerantes contendo ácido fosfórico e alimentos processados contendo estabilizadores de fosfato, emulsionantes, agentes antiaglomerantes e reguladores de acidez. Nas nossas secções Resumo das Fontes Alimentares e Risco de Toxicidade Alimentar, iremos fornecer-lhe informação detalhada sobre esta controvérsia. No entanto, é importante saber que um plano alimentar baseado em alimentos naturais integrais, em vez de alimentos processados, é suscetível de evitar riscos excessivos de fósforo.

4.1 Papel no apoio à saúde

4.1.1 Ativar a função básica da célula

Os biólogos que estudam a natureza dos seres vivos consideram normalmente a célula como a unidade funcional mais pequena da vida. Desde as bactérias unicelulares até às dezenas de triliões de células que constituem o nosso corpo, as estruturas de uma célula são bastante consistentes de organismo para organismo.

Talvez a caraterística mais marcante de uma célula seja a sua membrana mais externa, denominada simplesmente "membrana celular" (ou, por vezes, "membrana plasmática"). A membrana externa da célula actua como mediadora entre o seu espaço interno e tudo o que acontece no seu exterior. De um ponto de vista fisiológico e bioquímico, a membrana celular é constituída por uma "bicamada fosfolipídica" - duas filas de moléculas compostas principalmente por gorduras (lípidos) e fósforo (numa forma especial chamada "fosfato", que envolve uma combinação de fósforo com oxigénio e hidrogénio). Como pode ver, o fósforo é absolutamente crítico para a própria existência da célula.

O fósforo também flutua dentro de cada célula numa forma referida como um "anião fosfato". Esta forma de fósforo é semelhante à forma encontrada na membrana celular, e é essencial para uma variedade de processos diferentes que ocorrem dentro da célula.

Finalmente, com algumas excepções muito notáveis, todas as células contêm um núcleo, e dentro do núcleo estão os materiais genéticos, incluindo o ARN e o ADN, que contêm fósforo na sua estrutura química. De facto, o fósforo é por vezes referido como a "cola" que mantém o ADN unido. O fósforo é uma parte essencial da conceção da célula e é um mineral que ajuda a permitir a função básica da célula.

4.1.2 Suporte ósseo

Curiosamente, apesar do seu papel central na função celular, a maior parte do fósforo no nosso corpo não se encontra nas membranas celulares, fluidos celulares ou materiais genéticos no núcleo celular, mas sim nos nossos ossos. Pelo menos em termos de peso, cerca de 80-85% deste mineral é armazenado no osso. De facto, a principal estrutura cristalina do osso, denominada hidroxiapatite, é constituída por fósforo, cálcio, oxigénio e hidrogénio, e o cálcio e o fósforo são tão importantes na formação da hidroxiapatite que esta é frequentemente designada por molécula de "fosfato de cálcio". A hidroxiapatite é uma parte essencial da integridade estrutural de um osso.

Para além do seu papel como componente estrutural, o fósforo da dieta pode também desempenhar outros papéis importantes no complexo metabolismo do osso. Em primeiro lugar, o fósforo alimentar pode influenciar a produção de osso, ajudando na fosforilação - um processo químico pelo qual o fósforo é ligado a um aminoácido - de proteínas sinalizadoras que estimulam o crescimento ósseo. Este processo local, semelhante a uma hormona, está sempre a ocorrer, equilibrando o crescimento ósseo com a degradação e a remodelação.

O outro papel não é menos importante e tem recebido muito mais atenção nos últimos tempos. O fósforo alimentar é um dos principais intervenientes no processo hormonal que controla o metabolismo do cálcio e dos ossos. Este processo hormonal centra-se na atividade de uma hormona específica, denominada hormona paratiroideia (PTH). Níveis elevados de fósforo (sob a forma de iões fosfato) no sangue aumentam o nível de PTH. A PTH executa então uma série de acções, todas destinadas a aumentar os níveis de cálcio, incluindo a diminuição da perda de cálcio na urina, o aumento da absorção de cálcio dos alimentos (indiretamente, através da ativação da vitamina D) e a extração de cálcio dos ossos.

É este último efeito - retirar o cálcio dos ossos - que deixa alguns especialistas preocupados com o facto de o excesso de fósforo na dieta poder levar a problemas no metabolismo ósseo ao longo do tempo. A evidência atual sugere que, em situações extremas, como os níveis perigosamente elevados de fósforo observados na doença renal avançada, os fosfatos elevados no sangue podem alterar o metabolismo ósseo para pior. No entanto, em pessoas saudáveis com uma função renal normal, não existem provas que demonstrem um risco acrescido deste tipo de acontecimentos.

Dada a relação especial entre o fósforo, o cálcio, a função hormonal e a saúde óssea, alguns observadores recomendaram uma relação exacta entre a ingestão de cálcio e de fósforo na nossa alimentação diária. Naturalmente, uma espécie de rácio é representada pelas Dietary References Intakes (DRIs) que foram estabelecidas pela National Academy of Sciences (NAS), uma vez que as recomendações de cálcio para adultos variam entre 800-1200 miligramas e a recomendação de fósforo para adultos é de 700 miligramas. Portanto, estamos a falar de um rácio de aproximadamente 1,1 - 1,7 a favor do cálcio. No entanto, ainda não foram encontradas provas de investigação que sugiram que este rácio é necessário para um suporte ósseo adequado. De facto, vimos estudos em que o rácio entre cálcio e fósforo também oscila a favor do fósforo sem aumentar os riscos ósseos, exceto em níveis em que a ingestão de fósforo excede a ingestão de cálcio num rácio superior a 2:1, em simultâneo com a ingestão de cálcio abaixo da quantidade diária recomendada. No seu conjunto, os estudos de investigação dificultam-nos o apoio a qualquer rácio específico de ingestão de cálcio e fósforo na dieta e, por esta razão, acreditamos que a ingestão equilibrada de alimentos naturais integrais de uma variedade de diferentes grupos alimentares é atualmente a melhor forma de garantir um rácio saudável destes dois nutrientes minerais.

4.1.3 Manutenção do fornecimento de energia

Quando consumimos alimentos e quebramos as moléculas dos alimentos através da digestão e do metabolismo, um dos principais objectivos do nosso corpo é a produção de energia. Em particular, as diferentes fases da decomposição dos alimentos são concebidas para resultar na produção de uma molécula especial de transporte de energia chamada ATP (adenosina trifosfato). Tal como o nome desta molécula sugere, contém três átomos de fósforo ("tri") sob a forma de grupos fosfato. O ATP é muitas vezes referido como um "transportador universal de energia" porque, com algumas excepções, pode ser utilizado por praticamente qualquer tipo de célula e pode ser utilizado de várias formas diferentes. As nossas células estão sempre a utilizar o ATP para realizar uma grande variedade de processos metabólicos e, quando o ATP está a ser utilizado, pode perder um ou dois dos seus grupos fosfato para se transformar em ADP (adenosina difosfato, em que o "di" significa "dois") ou AMP (adenosina monofosfato, em que o "mono" significa "um"). A maioria das nossas células tem compartimentos especializados, chamados mitocôndrias, nos quais estas versões de fosfato mais baixo (AMP e ADP) podem ser carregadas de volta para a sua forma de fosfato mais elevado, o ATP. Como pode ver, o fósforo é um mineral de importância central neste processo de fornecimento de energia.

4.1.4 Equilíbrio ácido-base

Para nos mantermos saudáveis, diferentes partes do nosso corpo precisam de manter níveis de acidez muito específicos. Em termos científicos, o nível de acidez é designado por pH. Uma escala de pH convencional vai de 0 a 14, em que "0" é definido como o nível mais ácido, "14" é definido como o nível menos ácido (ou mais alcalino ou básico) e "7" é definido como neutro. Uma vez que o pH da água pura é próximo de 7 e que o nosso corpo é constituído por aproximadamente 60% de água, muitos dos níveis de pH no nosso corpo situam-se perto do nível "7". Para além disso, muitas das enzimas do nosso corpo foram concebidas para funcionar a este mesmo nível de pH. O pH do nosso sangue, por exemplo, varia normalmente entre 7,35 e 7,45. O pH da nossa saliva varia normalmente entre 6,2 e 7,4. Só em locais muito especiais - como o nosso estômago - é que o nível de pH se torna bastante baixo. (Antes de comer, o nível de pH no nosso estômago é normalmente de 2,5 ou inferior.) E não há nenhum sítio no nosso corpo onde o pH se desloque para os seus níveis mais elevados. Em geral, um resumo simples desta informação sobre o pH seria que é extremamente importante que os fluidos do nosso corpo mantenham o seu pH adequado e, na maioria das vezes, o pH adequado situa-se algures perto de um nível neutro de 7,0.

O fósforo é um dos principais nutrientes que o nosso corpo utiliza para manter um pH correto. De facto, o sistema tampão do fósforo é uma das três principais formas de equilibrar o pH no nosso corpo (os outros sistemas são o bicarbonato e o sistema tampão das proteínas). Mais especificamente, quando o pH fica demasiado baixo (o mesmo que demasiado ácido), o fosfato de hidrogénio trabalha para neutralizar algum deste ácido, deslocando o pH de volta para o neutro. Quando o pH se torna demasiado elevado (ou demasiado "básico"), o di-hidrogenofosfato actua da mesma forma para baixar o pH em direção ao equilíbrio. O facto de dois compostos contendo fósforo intimamente relacionados poderem ter efeitos tão opostos no pH não parece necessariamente fazer sentido à primeira vista. De qualquer forma, felizmente, este processo está a ocorrer momento a momento em todo o nosso corpo.

Tal como o papel do fósforo alimentar no suporte de ATP, o papel do fósforo alimentar no suporte do equilíbrio ácido-base não parece requerer qualquer planeamento de refeição especial ou seleção de alimentos na maioria das circunstâncias normais. (No entanto, circunstâncias como uma doença renal em fase terminal seriam diferentes e poderiam exigir medidas especiais com alimentos que contêm fósforo). Quando a Academia Nacional de Ciências (NAS) determinou a DRI para adultos de 700 miligramas de fósforo, não o fez com base em observações sobre o equilíbrio problemático do pH em níveis de ingestão próximos. Por isso, como regra geral, acredite que pode fornecer ao seu corpo o fósforo de que necessita para manter um equilíbrio saudável do pH, comendo uma variedade equilibrada de alimentos naturais e integrais que apresentamos no nosso sítio Web.

4.2 Fontes alimentares de fósforo

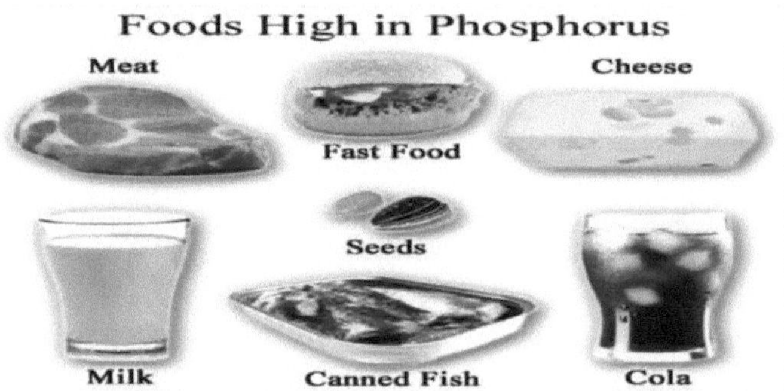

Figura 14: Fontes de fósforo

Se tivéssemos que escolher um grupo de alimentos como a nossa principal fonte de fósforo, seria o peixe. Não só os seis peixes da WHFoods estão no nosso top 10 de fósforo, como cada um deles fornece pelo menos 300 miligramas de fósforo por porção, ou cerca de 40% da quantidade diária recomendada. Carnes, aves, laticínios e ovos também tendem a ser ricos em fósforo. Cada um dos nossos WHFoods deste grupo contém cerca de 100-250 miligramas de fósforo por porção. Nos Estados Unidos, a ingestão destes alimentos é relativamente elevada e, por esta razão, tendem a representar uma elevada percentagem da ingestão total de fósforo. No entanto, os alimentos de origem animal não precisam de desempenhar um papel na ingestão saudável de fósforo, se preferir evitá-los no seu plano alimentar. A razão é simples: inúmeros alimentos vegetais pertencentes a vários grupos alimentares, incluindo vegetais, feijões e leguminosas, frutos secos e sementes, e cereais, são boas ou muito boas fontes de fósforo.

Gostaríamos de destacar alguns alimentos vegetais selecionados que fazem sentido considerar para uma nutrição ideal de fósforo. No grupo dos feijões e leguminosas, a nossa lista inclui a soja e as lentilhas, sendo que uma porção de cada alimento fornece mais de metade das necessidades diárias de fósforo. No grupo dos frutos secos e sementes, destacam-se as sementes de abóbora, que mais uma vez fornecem mais de metade das necessidades diárias numa única porção. Entre os vegetais, as ervilhas verdes, os brócolos e os espinafres fornecem, cada um, cerca de 100-150 miligramas por porção.

A forma de ácido fítico do fósforo presente em muitos alimentos vegetais (e especialmente em sementes, grãos, feijões e leguminosas) tem sido um tema de discussão pública generalizada, centrada principalmente na questão de como o ácido fítico se liga extensivamente a minerais como o cálcio, o ferro e o zinco e reduz a sua absorção do trato digestivo para o corpo. No entanto, é importante compreender melhor esta forma de fósforo, para além de uma simples avaliação da sua relação com outros nutrientes.

O ácido fítico (também referido como inositol hexafosfato, inositol hexakisphotphate, IP6 e fitato) é uma forma generalizada de armazenamento de fósforo nas plantas. Uma vez que a disponibilidade adequada de fósforo é tão essencial para o desenvolvimento das plantas, desenvolveram-se enzimas especiais chamadas fitases para ajudar a garantir a libertação adequada de fósforo desta forma especial de armazenamento. Embora as células humanas não produzam enzimas fitase, as bactérias que vivem no trato digestivo humano podem produzi-las, tal como muitos outros microrganismos (incluindo muitas leveduras e fungos), bem como alguns animais.

Investigações recentes sugerem que a quantidade de fósforo que obtemos do ácido fítico presente nos alimentos vegetais depende da saúde das nossas bactérias intestinais. Esta investigação começou a mudar alguns dos pensamentos convencionais sobre o ácido fítico nos alimentos, que em grande parte rejeitaram o ácido fítico como uma forma não digerível de fósforo. No entanto, alguns estudos preliminares especularam que a decomposição completa do ácido fítico é possível no primeiro segmento do nosso intestino grosso (chamado ceco), porque este segmento alberga um número invulgar de bactérias aeróbias e anaeróbias (devido a concentrações de oxigénio mais elevadas ao longo do revestimento do ceco do que noutras áreas do intestino grosso) e que uma combinação de actividades enzimáticas bacterianas aeróbias e anaeróbias pode ser capaz de libertar todos os grupos de fósforo do ácido fítico. Além disso, os resultados preliminares da investigação sugerem também que as populações de bactérias digestoras de ácido fítico podem ser capazes de se adaptar à dieta de um indivíduo ao longo do tempo e aumentar a disponibilidade de fósforo a partir desta forma de armazenamento do mineral.

Muito mais claramente documentado é o facto de que a fermentação de alimentos (por exemplo, a fermentação de soja em tempeh) pode aumentar a biodisponibilidade do fósforo do ácido fítico, assim como a ação da levedura em grãos contendo ácido fítico moídos em farinha e usados no fabrico de pão. Assim, mais uma vez, vemos uma via pela qual a forma de armazenamento de fósforo do ácido fítico nas plantas pode também servir como uma importante fonte de fósforo nas dietas humanas.

Por último, gostaríamos de salientar que a demolha de feijões, leguminosas, grãos e sementes demonstrou resultar numa decomposição parcial do ácido fítico e, em alguns casos, até 50% do ácido fítico pode ser decomposto desta forma.

No seu conjunto, a investigação acima referida sugere que o ácido fítico não deve ser descartado como uma forma indisponível de fósforo nos alimentos vegetais, e que a investigação futura deverá ajudar-nos a compreender melhor esta forma única de fósforo nas plantas. Curiosamente, o grau em que o ácido fítico se liga a minerais como o cálcio, o ferro e o zinco pode também estar relacionado com a ação dos microrganismos sobre o ácido fítico, quer durante a produção dos alimentos, quer no interior do nosso aparelho digestivo. No entanto, abordaremos esta questão um pouco mais adiante na nossa secção Relação com outros nutrientes.

Os fosfatos adicionados constituem uma parte significativa da ingestão total de fósforo nos Estados Unidos. Iremos discutir onde estes se encontram na próxima secção. Para já, é preciso saber que um residente médio dos Estados Unidos pode ingerir mais do que as suas necessidades diárias de fósforo adicionado, e que esta quantidade adicionada durante o processamento de alimentos duplicou nos últimos vinte anos.

Alimentação	**Cals**	**DRI/DV (%)**
Vieiras	126	69
Sardinhas	189	64
Soja	298	60
Sementes de abóbora	180	57
Bacalhau	96	56
Atum	147	54
Salmão	158	52
Lentilhas	230	51
Camarão	135	50
Tempeh	222	41

Quadro 10: Fontes de fósforo

4.3 Tabela de classificação de nutrientes

Introdução à tabela do sistema de classificação de nutrientes

Para o ajudar a identificar melhor os alimentos que apresentam uma elevada concentração de nutrientes[31] em relação às calorias que contêm, criámos um Sistema de Classificação dos Alimentos. Este sistema permite-nos destacar os alimentos que são especialmente ricos em determinados nutrientes. O gráfico seguinte mostra os alimentos mais saudáveis do mundo que são uma fonte excelente, muito boa ou boa de fósforo. Junto ao nome de cada alimento, encontrará o tamanho da porção que utilizámos para calcular a composição nutricional do alimento, as calorias contidas na porção, a quantidade de fósforo contida numa porção do alimento, a percentagem do Valor Diário (VD%) que esta quantidade representa, a densidade nutricional que calculámos para este alimento e nutriente e a classificação que estabelecemos no nosso sistema de classificação. Para a maioria das nossas classificações de nutrientes, adoptámos as normas governamentais para a rotulagem de alimentos que se encontram nos "Valores de Referência para a Rotulagem Nutricional" da U.S. Food and Drug Administration. Leia mais informações de base e pormenores do nosso sistema de classificação.

Alimentação	Servir Tamanho	Cals	Montante (mg)	DRI/DV (%)	Nutriente Densidade	Mundial Mais saudável Classificação dos alimentos
Vieiras	4 oz	125.9	483.08	69	9.9	Excelente
Bacalhau	4 oz	96.4	391.22	56	10.4	Excelente
Cogumelos, Crimini	1 chávena	15.8	86.40	12	14.0	Excelente
Sardinhas	3,20 oz	188.7	444.52	64	6.1	muito bom
Soja	1 chávena	297.6	421.40	60	3.6	muito bom
Sementes de abóbora	0,25 chávena	180.3	397.64	57	5.7	muito bom
Atum	4 oz	147.4	377.62	54	6.6	muito bom
Salmão	4 oz	157.6	365.14	52	6.0	muito bom
Lentilhas	1 chávena	229.7	356.40	51	4.0	muito bom
Camarão	4 oz	134.9	347.00	50	6.6	muito bom
Turquia	4 oz	166.7	260.82	37	4.0	muito bom
Frango	4 oz	187.1	258.55	37	3.6	muito bom
Carne de vaca	4 oz	175.0	240.40	34	3.5	muito bom
Iogurte	1 chávena	149.4	232.75	33	4.0	muito bom
Tofu	4 oz	164.4	215.46	31	3.4	muito bom
Aveia	0,25 chávena	151.7	203.97	29	3.5	muito bom
Ervilhas verdes	1 chávena	115.7	161.17	23	3.6	muito bom
Brócolos	1 chávena	54.6	104.52	15	4.9	muito bom

Leite de vaca	4 oz	74.4	102.48	15	3.5	muito bom
Espinafres	1 chávena	41.4	100.80	14	6.3	muito bom
Espargos	1 chávena	39.6	97.20	14	6.3	muito bom
Bruxelas Rebentos	1 chávena	56.2	87.36	12	4.0	muito bom
verão Abóbora	1 chávena	36.0	70.20	10	5.0	muito bom
Beterraba	1 chávena	38.9	59.04	8	3.9	muito bom
Mostarda Verdes	1 chávena	36.4	58.80	8	4.2	muito bom
Acelgas	1 chávena	35.0	57.75	8	4.2	muito bom
Bok Choy	1 chávena	20.4	49.30	7	6.2	muito bom
Funcho	1 chávena	27.0	43.50	6	4.1	muito bom
Tomates	1 chávena	32.4	43.20	6	3.4	muito bom
Nabiças	1 chávena	28.8	41.76	6	3.7	muito bom
Couve-flor	1 chávena	28.5	39.68	6	3.6	muito bom
Tempeh	4 oz	222.3	286.90	41	3.3	Bom
Quinoa	0,75 chávena	222.0	281.20	40	3.3	Bom
Garbanzo Feijões	1 chávena	269.0	275.52	39	2.6	Bom
Feijões marinhos	1 chávena	254.8	262.08	37	2.6	Bom
Feijão Pinto	1 chávena	244.5	251.37	36	2.6	Bom
Feijão vermelho	1 chávena	224.8	244.26	35	2.8	Bom
Feijão preto	1 chávena	227.0	240.80	34	2.7	Bom
Cajus	0,25 chávena	221.2	237.20	34	2.8	Bom
Girassol Sementes	0,25 chávena	204.4	231.00	33	2.9	Bom

Sementes de sésamo	0,25 chávena	206.3	226.44	32	2.8	Bom
Feijão-de-lima	1 chávena	216.2	208.68	30	2.5	Bom
Cordeiro	4 oz	310.4	204.12	29	1.7	Bom
Ervilhas secas	1 chávena	231.3	194.04	28	2.2	Bom
Centeio	0,33 chávena	188.5	185.16	26	2.5	Bom
painço	1 chávena	207.1	174.00	25	2.2	Bom
Cevada	0,33 chávena	217.1	161.92	23	1.9	Bom
Arroz integral	1 chávena	216.4	161.85	23	1.9	Bom
Queijo	1 oz	114.2	145.15	21	3.3	Bom
Amendoins	0,25 chávena	206.9	137.24	20	1.7	Bom
Batatas	1 chávena	160.9	121.10	17	1.9	Bom
Trigo mourisco	1 chávena	154.6	117.60	17	2.0	Bom
Amêndoas	0,25 chávena	132.2	111.32	16	2.2	Bom
Batata-doce	1 chávena	180.0	108.00	15	1.5	Bom
Sementes de linhaça	2 COLHERES DE SOPA	74.8	89.88	13	3.1	Bom
Ovos	1 cada	77.5	86.00	12	2.9	Bom
Cebolas	1 chávena	92.4	73.50	11	2.0	Bom
Beterraba	1 chávena	74.8	64.60	9	2.2	Bom
Acelgas	1 chávena	62.7	60.80	9	2.5	Bom
Milho	1 cada	73.9	59.29	8	2.1	Bom
Couve	1 chávena	43.5	49.50	7	2.9	Bom
Cenouras	1 chávena	50.0	42.70	6	2.2	Bom
Couve	1 chávena	36.4	36.40	5	2.6	Bom

Feijão verde	1 chávena	43.8	36.25	5	2.1	Bom
Morangos	1 chávena	46.1	34.56	5	1.9	Bom
Sementes de mostarda	2 colheres de chá	20.3	33.12	5	4.2	Bom
Romã Alface	2 chávenas	16.0	28.20	4	4.5	Bom
Alho	6 dentes de alho	26.8	27.54	4	2.6	Bom
Miso	1 COLHER DE SOPA	34.2	27.33	4	2.1	Bom
Pepino	1 chávena	15.6	24.96	4	4.1	Bom
Aipo	1 chávena	16.2	24.24	3	3.9	Bom
Pimentos	1 chávena	28.5	23.92	3	2.2	Bom
Molho de soja	1 COLHER DE SOPA	10.8	23.40	3	5.6	Bom
Cominho	2 colheres de chá	15.8	20.96	3	3.4	Bom
Legumes do mar	1 COLHER DE SOPA	10.8	18.05	3	4.3	Bom
Salsa	0,50 chávena	10.9	17.63	3	4.1	Bom

Classificação dos alimentos mais saudáveis do mundo	**Regra**
Excelente	DRI/DV>=75% OU Densidade>=7,6 E DRI/DV>=10%
muito bom	DRI/DV>=50% OU Densidade>=3,4 E DRI/DV>=5%
Bom	DRI/DV>=25% OU Densidade>=1,5 E DRI/DV>=2,5%

Tabela 11 : Os alimentos mais saudáveis do mundo que são uma excelente, muito boa ou boa fonte de

fósforo.

4.4 Equilíbrio do fósforo na fisiologia normal.

O rim é o principal regulador da homeostase do fosfato humano. Na idade adulta, a saída do reservatório de fósforo permutável para o esqueleto (formação óssea) é aproximadamente igual à entrada no reservatório permutável devido à reabsorção óssea. O esqueleto é um depósito de Pi e contém 85% do fósforo total do corpo.

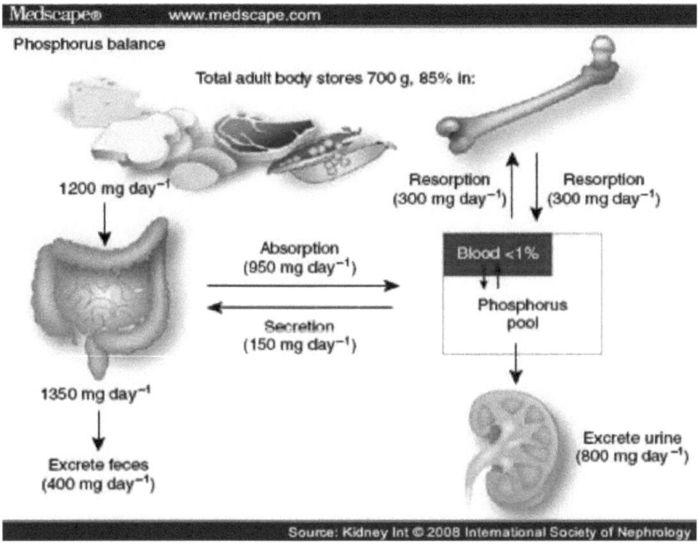

Figura 15 : Equilíbrio do fósforo no organismo

Aproximadamente 60-70% do fosfato da dieta, 1000-1500 mg/dia, é absorvido no intestino delgado. Embora a vitamina D possa aumentar a absorção, especialmente em condições de depleção de fosfato da dieta, a absorção intestinal de fosfato não requer a presença de vitamina D ativa. Especificamente, o fosfato sérico elevado e a ingestão elevada de fosfato da dieta não prejudicam significativamente a absorção intestinal. O movimento do fosfato para dentro e para fora do osso, o reservatório que contém a maior parte do fosfato corporal total, é geralmente equilibrado. A excreção renal do excesso de fosfato ingerido na dieta assegura a manutenção da homeostase do fosfato, mantendo o fosfato sérico a um nível de aproximadamente 3-4 mg/dL no soro.

4.5 Impacto da cozedura, armazenamento e transformação

O fósforo, tal como outros minerais, é bastante estável ao armazenamento e não é destruído ou criado à medida que os alimentos ficam na prateleira. Muitos alimentos vegetais armazenam uma quantidade significativa de fósforo sob a forma de ácido fítico, e existem certos passos de preparação que podem aumentar a disponibilidade de fósforo a partir desta forma alimentar. Embora estes passos de preparação possam ser potencialmente aplicados a cereais, frutos secos e sementes, bem como a feijões e leguminosas, a maioria dos estudos centrou-se nos feijões secos. Se o feijão seco for demolhado durante a noite antes de ser cozinhado no dia seguinte, cerca de metade do seu ácido fítico pode ser decomposto através deste processo de demolha. Não acreditamos que este passo seja importante para a sua nutrição de fósforo. Ao mesmo tempo, também não vimos nenhuma investigação que sugira que deve evitar demolhar o feijão.

A germinação de feijões (ou grãos ou frutos secos ou sementes) antes da cozedura também parece resultar na decomposição do ácido fítico em 50% ou mais. É claro que a germinação é um processo que tem um impacto em muitas outras moléculas para além do ácido fítico, e muitas pessoas referem uma melhor digestão dos alimentos germinados. Como fase do desenvolvimento das sementes em plantas adultas, os rebentos podem também ser uma forma de alimento invulgarmente concentrada em muitos nutrientes. Mais uma vez, não acreditamos que a germinação de feijão ou outros alimentos seja necessária para uma boa nutrição de fósforo. Ao mesmo tempo, sabemos que os alimentos germinados são normalmente consumidos e apreciados por muitas pessoas, e são bem estudados no que diz respeito à sua riqueza em nutrientes. algumas formas de aditivos alimentares deste mineral.

- Fosfato de sódio
- Fosfato de cálcio
- Fosfato dicálcico
- Fosfato tricálcico
- Pirofosfato
- Pirofosfato de sódio
- Fosfato de sódio e alumínio
- Ácido fosfórico

Alguns alimentos que contêm frequentemente quantidades significativas de fosfatos adicionados incluem carnes de almoço, fiambre, salsichas, peixe enlatado, produtos de pastelaria (incluindo bolachas e barras), misturas para pastelaria (como misturas para bolos e panquecas), iogurtes, queijos e refrigerantes. Os hambúrgueres, nuggets e tiras congelados feitos de frango panado e outras carnes também podem conter quantidades significativas destes aditivos. Nos EUA, as pessoas que dependem de alimentos processados semelhantes à lista de alimentos acima podem obter mais de metade da sua ingestão diária de fósforo a partir destes aditivos.

Os refrigerantes (ou seja, as bebidas gaseificadas do tipo cola) são bebidas processadas que suscitam especial preocupação em termos de fósforo, porque muitas contêm ácido fosfórico adicionado em quantidades de

400-600 miligramas por lata ou garrafa. (Embora os fosfatos sejam classificados como sais de ácido fosfórico em termos químicos técnicos, estes dois termos são usados indistintamente na maioria das discussões práticas sobre aditivos alimentares à base de fósforo). Como se pode ver, a quantidade de ácido fosfórico num único refrigerante pode facilmente exceder mais de metade das necessidades diárias de fósforo, e as pessoas que consomem vários refrigerantes deste tipo todos os dias excedem as necessidades diárias apenas com os refrigerantes. Tal como descrito anteriormente, o significado da ingestão rotineira de aditivos de fósforo não é totalmente claro nos estudos de investigação actuais. Embora fosse de esperar que grandes desequilíbrios na relação cálcio/fósforo afectassem a saúde óssea e a saúde de outros sistemas corporais, os resultados da investigação nesta área são algo contraditórios e não permitem conclusões simples.

4.6 Risco de carência alimentar

O risco de deficiência de fósforo nos Estados Unidos é muito baixo. De facto, os dados dos inquéritos alimentares mostram que os homens adultos americanos ingerem, em média, mais do dobro da quantidade de fósforo de que necessitam diariamente. As mulheres consomem, em média, 170% do nível da DRI (Dietary Reference Intake). De facto, de acordo com os dados do estudo NHANES 2009-2010, "What We Eat in America", a maioria dos grupos etários e de género tem uma média superior à DRI de fósforo. (Dois grupos que apresentaram uma média ligeiramente inferior à DRI foram as mulheres de 6-11 e 12-19 anos, e forneceremos mais informações sobre estes grupos na secção seguinte deste artigo). Dada a disponibilidade de alimentos ricos em fósforo de todos os grupos alimentares, e o grande número de alimentos integrais e naturais que contêm quantidades significativas de fósforo, não esperamos que a deficiência de fósforo seja um problema em dietas equilibradas baseadas em alimentos integrais e naturais.

A necessidade de fósforo pode ser maior nas alturas de maior crescimento ósseo, que normalmente começa no final da infância e na adolescência. Curiosamente, esta ligação óssea significa que a DRI de fósforo para os 9-18 anos é mais elevada do que a DRI para adultos com 19 anos ou mais. Esta necessidade acrescida de fósforo durante o desenvolvimento significa que os adolescentes poderão ter de prestar especial atenção à ingestão deste nutriente e, em particular, as raparigas adolescentes, uma vez que os homens ingerem em média mais fósforo do que as mulheres em todo o espetro etário. Os dados do estudo NHANES de 2009-2010 mostraram que os rapazes dos 6 aos 11 anos e dos 12 aos 19 anos apresentaram uma média superior à DRI de fósforo. No entanto, os dados do mesmo estudo mostraram que as raparigas dos 6 aos 11 anos apenas atingiram uma média de 96% da DRI, com as raparigas dos 12 aos 19 anos a atingirem uma média de 95%. Assim, é fácil ver o possível desafio de satisfazer as necessidades de fósforo durante os períodos de rápido crescimento ósseo. Embora seja verdade que alguns adolescentes podem ser especialmente propensos ao aumento da ingestão de alimentos processados que provavelmente contêm formas aditivas de fósforo, a atenção especial a este mineral pode ainda ser especialmente importante para os adolescentes que seguem planos de refeições baseados em alimentos integrais e naturais. Para além disso, continuamos a acreditar que os planos alimentares baseados em alimentos integrais e naturais proporcionam os maiores benefícios para a saúde de todos os grupos etários.

4.6.1 Outras circunstâncias que podem contribuir para a deficiência

Devido ao facto de ser um componente tão importante no crescimento ósseo, as necessidades de fósforo são normalmente maiores durante os últimos anos da infância e da adolescência. (Como mencionado anteriormente, a DRI para pessoas de 9 a 18 anos é de 1.250 miligramas, em comparação com 700 miligramas para pessoas com 19 anos ou mais). Uma vez que o crescimento ósseo contribui claramente para a necessidade de aumentar o fósforo, os períodos de tempo que envolvem um rápido crescimento ósseo podem representar um maior risco de deficiência. E, tal como descrito anteriormente, enquanto a ingestão média de fósforo entre os homens dos 6 aos 18 anos excedeu o nível da DRI, a ingestão média para as raparigas dos 6 aos 18 anos apenas atinge 95-96% da DRI. Embora esta percentagem esteja muito próxima dos 100%, e embora a ingestão de alimentos processados que contenham fosfatos adicionados possa aumentar muito esta percentagem, continuamos a acreditar que este período de desenvolvimento é uma altura em que a ingestão de fósforo pode exigir uma atenção especial, particularmente num plano alimentar centrado em alimentos integrais e naturais. As formas como regulamos as concentrações de fósforo e cálcio no organismo são complexas e envolvem os rins, os pulmões e uma série de hormonas. As perturbações causadas por doenças em qualquer um destes factores podem criar desequilíbrios no equilíbrio ácido-base que podem ter consequências graves. Na presença de problemas de saúde crónicos que envolvam o comprometimento da função pulmonar ou renal, ou no caso de problemas hormonais diagnosticados que possam afetar os níveis de cálcio no sangue, podem ser necessárias dietas especiais que gerem a ingestão de fósforo para cima ou para baixo em relação aos níveis de ingestão habituais.

4.7 Relação com outros nutrientes

A relação entre o cálcio e o fósforo é complexa e importante. As mesmas hormonas e medidas compensatórias renais que regulam os níveis de cálcio também tendem a afetar a nutrição do fósforo. Além disso, grandes quantidades de cálcio na dieta podem prejudicar a absorção de fósforo na dieta.

No nosso Plano de Alimentação Mais Saudável - composto quase exclusivamente por WHFoods, utilizando receitas WHFoods - obtivemos uma média de 1.326 miligramas de cálcio diário e 1.716 miligramas de fósforo diário, ou seja, um rácio ligeiramente a favor do fósforo de 1,3:1. No entanto, uma pessoa que não consome peixe WHFoods (que fornece cerca de 350 miligramas de fósforo ou mais por porção) e uma forte ingestão de tofu e vegetais verdes (com uma média de mais de 150 miligramas de cálcio dietético por porção) poderia facilmente inclinar a balança a favor do cálcio. E para acrescentar uma terceira comparação, os requisitos da DRI para homens adultos de 19-70 anos de 800 miligramas de cálcio e 700 miligramas de fósforo resultariam num rácio de 1,1 a favor do cálcio, enquanto os requisitos para mulheres adultas de 1950 de 1.000 miligramas de cálcio e 700 miligramas de fósforo resultariam num rácio de 1,4:1 de cálcio-fósforo. Assim, como pode ver, a noção de um rácio generalizado "ideal" de cálcio e fósforo não faz muito sentido. Uma coisa que podemos dizer sobre os equilíbrios dietéticos entre o cálcio e o fósforo provenientes de alimentos naturais e integrais é que raramente são extremamente desequilibrados numa direção ou na outra. Enquanto um único alimento - por exemplo, couve-galega, com 267 miligramas de cálcio por porção de WHFoods e 60 miligramas de fósforo - pode conter uma relação muito superior a 2:1, é pouco comum que um plano alimentar equilibrado, natural e integral vá muito além de 2:1 em qualquer direção. Não vimos uma dieta equilibrada, natural e completa que contivesse o triplo da quantidade de cálcio em relação ao fósforo ou vice-versa.

Como recomendação geral, encorajamos o consumo de um plano de refeições naturais e integrais que melhor se adapte às suas preferências alimentares e necessidades de saúde, e deixar que a relação cálcio/fósforo assuma a forma que esse plano de refeições naturalmente lhe trouxer.

Uma vez que o ácido fítico é uma forma de fósforo que se pode ligar a certos minerais (chamados catiões divalentes), incluindo o cálcio, o ferro e o zinco, tem havido um debate sobre a relação entre a ingestão de fósforo (sob a forma de ácido fítico) e a absorção destes outros minerais. Tal como descrito anteriormente, não vimos evidências de um aumento do risco de deficiência de cálcio, ferro ou zinco com base na ingestão de ácido fítico de alimentos integrais e naturais num plano de refeições equilibrado. Além disso, como descrito anteriormente, pesquisas recentes sugerem que a decomposição do ácido fítico ocorre rotineiramente no intestino grosso devido à atividade enzimática das bactérias intestinais. Esta investigação deverá eventualmente fornecer-nos mais informações sobre a absorção de outros minerais que possam estar ligados ao ácido fítico. De especial interesse neste domínio é a potencial relação entre a ingestão de ácido fítico, a absorção de cálcio e a saúde óssea. Vimos vários estudos nesta área que não mostraram qualquer impacto negativo de alimentos integrais com maior teor de ácido fítico no estado do cálcio ósseo, mesmo quando a ingestão total de fósforo atingiu o nível de 3.000 miligramas, desde que a ingestão de cálcio se mantivesse relativamente elevada (aproximadamente 2.000 miligramas). Por outras palavras, uma relação cálcio/fósforo de 0,66 proveniente de alimentos integrais e naturais não compromete o estado do cálcio ósseo. No entanto, não temos a certeza de que esta mesma conclusão positiva seja válida para quantidades excessivas de fósforo fornecidas sob a forma de aditivos de fosfato numa dieta processada. Esta preocupação é uma das muitas razões pelas quais preferimos sempre os alimentos integrais às versões processadas.

4.8 Risco de toxicidade alimentar

O risco de toxicidade devido ao excesso de fósforo é real e este é um de um número relativamente pequeno de nutrientes que os residentes dos EUA consomem frequentemente em quantidades superiores às recomendadas. A Academia Nacional de Ciências estabeleceu um limite de ingestão superior tolerável (UL) de 4000 mg por dia para adolescentes e adultos. A recomendação mais rigorosa para crianças de 1 a 8 anos e adultos com mais de 70 anos é de 3.000 miligramas, e para mulheres grávidas a recomendação é de 3.500 miligramas. Como mencionado anteriormente, embora estas quantidades possam parecer generosas, é fácil obter 1000 miligramas de ácido fosfórico a partir de duas latas de refrigerante.

O risco associado ao excesso de fósforo na alimentação tende a manifestar-se através de alterações no metabolismo do cálcio. Parte do problema deve-se à perda de cálcio, quer a partir do osso, quer devido à redução da absorção a partir do intestino. Quase paradoxalmente, também vemos dietas demasiado ricas em fósforo levarem à deposição de cálcio em tecidos aos quais não pertence, como as artérias e os rins. A razão pela qual o metabolismo do cálcio sofre este impacto é porque o excesso de fósforo pode perturbar o controlo rigoroso dos níveis de electrólitos, levando a alterações no complexo equilíbrio hormonal que regula o movimento do cálcio através do nosso corpo.

Note-se que os problemas que observamos com a ingestão excessiva de fósforo não se manifestam de imediato, mas sim durante um longo período de tempo. Paralelamente às dietas demasiado ricas em sódio ou colesterol, existe um dano subjacente "silencioso" ao longo do tempo que só se torna aparente quando as coisas se tornam mais graves. Por isso, é uma boa ideia pensar no consumo excessivo de fósforo como um risco potencial para a saúde, independentemente da fase da vida em que se encontra.

No entanto, os adultos mais velhos podem ser mais susceptíveis aos efeitos nocivos do excesso de fósforo. Isto deve-se ao facto de a função renal, mesmo em pessoas sem doença renal, ter tendência a diminuir com a idade. Como já foi referido, esta maior suscetibilidade traduz-se num UL de 3000 miligramas para pessoas com mais de 70 anos de idade. Para além disso, as mulheres grávidas devem ter mais cuidado com o fósforo na alimentação. Isto deve-se ao facto de a gravidez aumentar substancialmente a absorção de fósforo dos alimentos em relação ao que acontece num estado não grávido. Mais uma vez, este cuidado extra traduz-se num limite máximo de 3.500 miligramas na gravidez.

A boa notícia é que seria relativamente difícil, em qualquer grupo etário, embora não impossível, exceder rotineiramente o limite máximo de fósforo apenas com alimentos frescos, naturais e não processados. O fósforo adicionado aos alimentos - os fosfatos são utilizados como conservantes e aromatizantes - é frequentemente a origem de grande parte do risco excessivo. Note que as receitas dos Alimentos Mais Saudáveis do Mundo não contêm quase nenhum tipo de fosfatos adicionados. Como tal, acreditamos que quanto mais se aproximar das nossas estratégias de confeção de alimentos integrais e frescos, menor será a probabilidade de abusar do fósforo em detrimento de outros minerais.

Algumas pessoas têm dietas tão ricas em calorias que excedem os UL mesmo sem a adição de fosfatos. Por exemplo, muitos atletas de resistência ingerem rotineiramente até 6000 calorias num único dia. O documento da DRI esclarece que o limite máximo de ingestão não se destina a esta contingência e que, desde que outros minerais estejam igualmente bem representados, as dietas hipercalóricas não apresentam riscos relacionados com a ingestão de fósforo.

4.8.1 Lista de controlo de doenças

- Doença renal
- Prevenção cardiovascular
- Risco de osteoporose

4.8.2 Perturbações devidas ao fósforo

A hipofosfatemia é um distúrbio eletrolítico em que existe um nível anormalmente baixo de fosfato no sangue. A doença tem muitas causas, mas é mais frequente quando doentes malnutridos (especialmente alcoólicos crónicos) recebem grandes quantidades de hidratos de carbono, o que cria uma elevada procura de fósforo pelas células, removendo o fosfato do sangue (*síndrome de realimentação*).

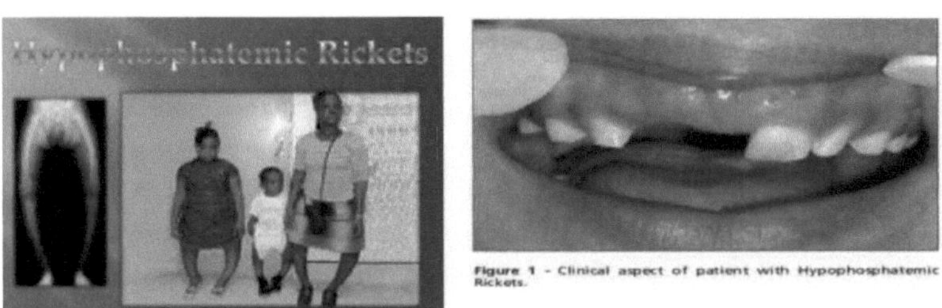

Figura 16 : Hipofosfatemia

A hiperfosfatemia é um distúrbio eletrolítico em que existe um nível anormalmente elevado de fosfato no sangue. No entanto, mesmo a hiperfosfatemia grave é, na maior parte dos casos, clinicamente assintomática. A morbilidade em doentes com esta condição está mais frequentemente associada a uma doença subjacente do que ao aumento dos valores de fosfato. Frequentemente, os níveis de cálcio estão reduzidos (hipocalcemia) devido à precipitação do fosfato com o cálcio nos tecidos. Os níveis médios de fósforo devem situar-se entre 0,81 mmol/L e 1,45 mmol/L. Os sinais e sintomas incluem calcificação ectópica, hiperparatiroidismo secundário e osteodistrofia renal. As anomalias no metabolismo do fosfato, como a hiperfosfatemia, estão incluídas na definição da nova doença renal crónica - perturbações minerais e ósseas (DRC-DMO).

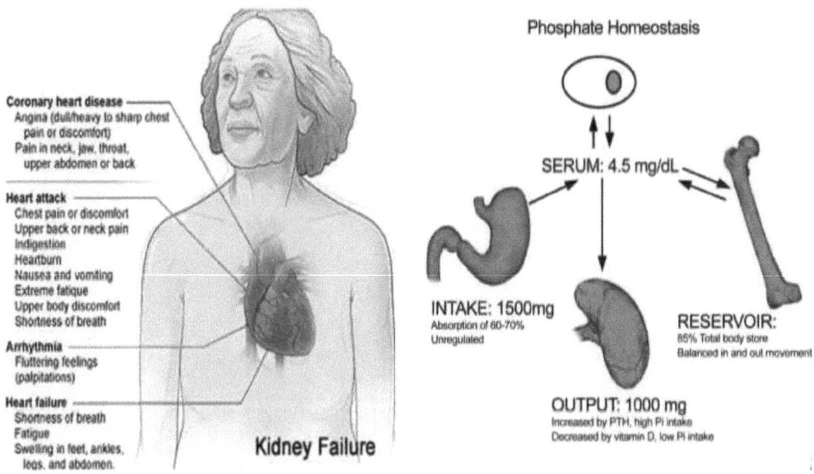

Figura 17: Hiperfosfatemia

4.9 Recomendações de saúde pública

Em 1997, a National Academy of Sciences (NAS) publicou as suas recomendações de ingestão dietética de referência (DRI) para o fósforo. Todas as recomendações de DRI foram apresentadas sob a forma de Dose Diária Recomendada (DDR), exceto as recomendações de DRI relativas a bebés com menos de um ano de idade. As DRIs para bebés foram apresentadas sob a forma de níveis de ingestão adequada (AI). As DRIs de fósforo são as seguintes.

- 0-6 meses: 100 mg
- 6 meses-1 ano: 275 mg
- 1-3 anos: 460 mg
- 4-8 anos: 500 mg
- 9-18 anos: 1250 mg

- Mais de 19 anos: 700 mg
- Mulheres grávidas e lactantes: Idênticas às recomendações por idade

As DRIs também estabeleceram Níveis de Ingestão Superior Tolerável (UL) para o fósforo. Estes ULs estão resumidos abaixo.

- 0-1 ano: Sem UL
- 1-8 anos: 3000 mg
- 9-70 anos: 4000 mg
- Mais de 70 anos: 3000 mg
- Mulheres grávidas: 3500 mg
- Mulheres em período de lactação: 4000 mg

O Valor Diário (VD) para o fósforo é de 1000 mg. Esta é a quantidade que verá nos rótulos dos alimentos.

Como nosso padrão na WHFoods, escolhemos a DRI para adultos de 700 miligramas de ingestão diária de fósforo.

CAPÍTULO 5

POTÁSSIO

5. POTÁSSIO

O potássio é um mineral que se encontra em quantidades variáveis em quase todos os alimentos. Os vegetais, especialmente as variedades de folhas verdes, são geralmente as nossas fontes mais ricas de potássio.

Listamos três excelentes fontes de potássio, 16 como fontes muito boas, e 39 como boas fontes pelo nosso Sistema de Classificação de Nutrientes. Por outras palavras, mais de metade dos nossos WHFoods fornecem-lhe quantidades significativas de potássio! De facto, todos os nossos WHFoods contêm pelo menos uma pequena mas mensurável quantidade deste mineral.

Juntamente com o sódio, o cloreto, o cálcio e o magnésio, o potássio é um eletrólito, o que significa que ajuda a conduzir as cargas eléctricas no corpo. Tal como todos os outros electrólitos, o nosso corpo desenvolveu sistemas elaborados para controlar os níveis sanguíneos num intervalo estreito. Isto é uma boa notícia, uma vez que os níveis normais de potássio são absolutamente críticos para a vida - se os níveis de potássio se tornarem demasiado altos ou demasiado baixos, o coração e o sistema nervoso param completamente. Felizmente, a maioria de nós é capaz de obter potássio suficiente dos alimentos para satisfazer as nossas necessidades mais básicas. Mas, uma vez que satisfazer apenas uma necessidade mínima de ingestão não é uma receita para a saúde, muitas pessoas nos Estados Unidos não conseguem frequentemente obter quantidades óptimas deste nutriente e pagam um custo de saúde por isso.

Isto deve-se ao facto de os americanos não comerem regularmente frutos e legumes frescos, ao mesmo tempo que comem alimentos preparados com muito sal. De facto, um inquérito recente sugere que apenas cerca de 5% dos americanos cumprem os objectivos mínimos de consumo de frutas e legumes. Se não cumprir regularmente estes objectivos, será difícil garantir que a sua ingestão de potássio seja a ideal.

É impossível compreender o papel do potássio sem abordar também o sódio. O sódio e o potássio existem numa parceria, e cada utilização importante do potássio requer sódio para manter o equilíbrio. É importante notar que, à medida que as dietas médias nos Estados Unidos se tornaram pobres em potássio, tornaram-se muito mais concentradas em sódio.

Por exemplo, um sumo de tomate comercial muito salgado - apesar de conter um alimento rico em potássio como o tomate - contém frequentemente uma relação sódio/potássio superior a 2:1. Este rácio não é desejável! Em comparação, a nossa Frittata de Cogumelos, Tomate e Manjericão tem um rácio de sódio para potássio de 1:3, um padrão muito mais benéfico para a saúde. De facto, acreditamos que um dos principais benefícios da abordagem dos Alimentos Mais Saudáveis do Mundo é a forma como reequilibra o sódio e o potássio de uma forma que é mais consistente com a boa saúde do coração e dos rins.

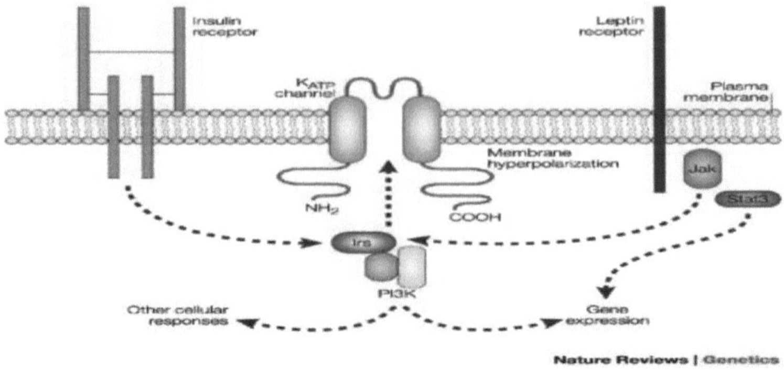

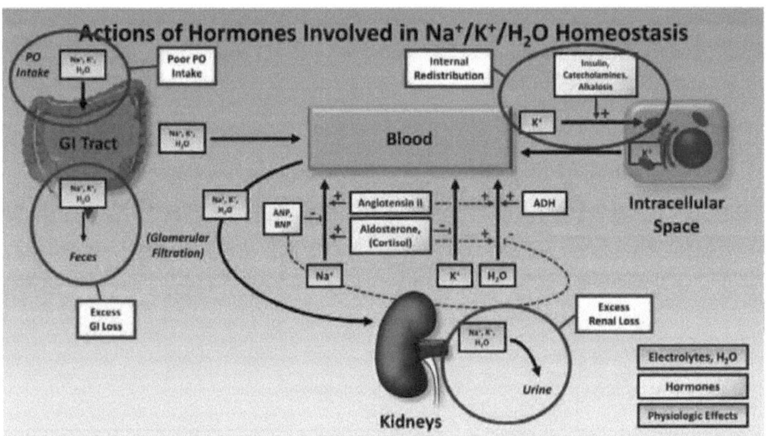

Figura 18 : Homeostasia

5.1 Papel no apoio à saúde

5.1.1 Manutenção de uma tensão arterial normal

As dietas ricas em potássio estão associadas a um melhor controlo da pressão arterial. Existem vários mecanismos que contribuem para este efeito benéfico, incluindo a melhoria da função renal, a redução da coagulação sanguínea e uma abertura mais eficiente dos vasos sanguíneos. Devido a estes importantes benefícios, as dietas terapêuticas destinadas a melhorar o controlo da pressão arterial centram-se frequentemente no aumento do potássio dos alimentos.

Um bom exemplo de como os alimentos ricos em potássio podem diminuir a pressão arterial elevada é visto nos ensaios da dieta DASH (Dietary Approaches to Stop Hypertension), em que os participantes com pressão arterial elevada que consumiram uma média de 8 a 10 porções totais de frutas e vegetais frescos por dia registaram reduções significativas no seu nível de pressão arterial. Estas porções centraram-se em escolhas de alimentos integrais semelhantes aos apresentados nas nossas receitas e a dieta evitou escolhas processadas e cheias de sal, como as batatas fritas. Um fator chave para estes benefícios na pressão sanguínea foi o equilíbrio saudável entre o potássio e outros minerais nestes frutos e vegetais frescos.

5.1.2 Saúde dos rins

Talvez a forma mais importante de garantir uma boa saúde dos rins seja manter a tensão arterial sob bom controlo. Como já foi referido, as dietas ricas em potássio são bem conhecidas por ajudarem nesse sentido.

Para além disso, as dietas ricas em potássio têm sido associadas a uma redução do risco de cálculos renais. Pensa-se que isto se deve ao facto de os sais de potássio naturalmente presentes nos alimentos vegetais ajudarem a neutralizar a acidez na corrente sanguínea. Isto evita a lixiviação do cálcio dos ossos para amortecer o ácido, o que por sua vez reduz o cálcio na urina, evitando a sua deposição sob a forma de pedra. É de salientar que, embora as dietas ricas em potássio possam ser úteis na prevenção de determinados problemas renais em pessoas saudáveis com bom funcionamento dos rins, as pessoas que já têm problemas renais e a quem foram diagnosticadas determinadas doenças renais podem ter de regular cuidadosamente a ingestão de potássio, uma vez que os seus rins podem não ser capazes de regular os níveis de potássio na sua corrente sanguínea.

5.2 Fontes alimentares de potássio

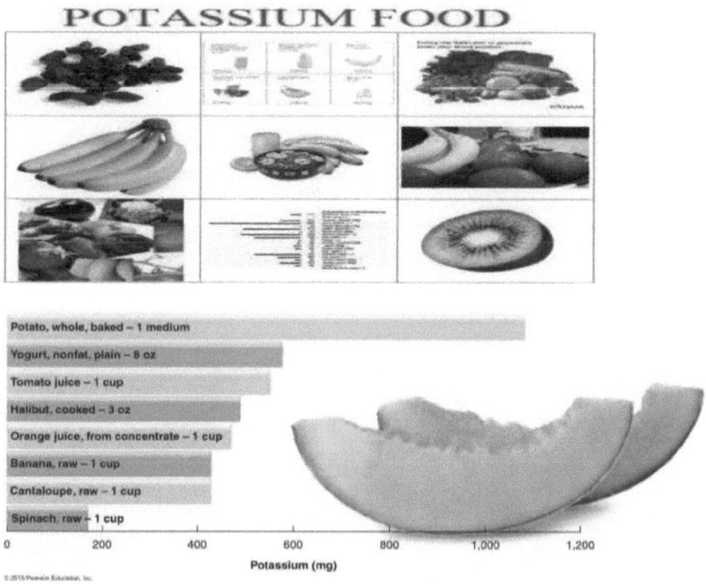

Figura 19 : Alimentos com potássio

Provavelmente, o primeiro alimento que vem à mente quando se pensa em potássio é a banana. Não está errado - de acordo com o nosso sistema de classificação, as bananas são uma boa fonte de potássio. Mas há 32 alimentos na nossa tabela de classificação com mais potássio por caloria do que a banana.

Em termos mais gerais, os alimentos mais ricos em potássio são as frutas e os legumes. Algumas leguminosas, peixe e produtos lácteos também podem contribuir de forma importante para a nossa ingestão diária de potássio; no entanto, como estes alimentos têm mais calorias, não são tão bem classificados pelo nosso Sistema de Riqueza de Nutrientes. Por exemplo, a acelga e o feijão-de-lima contêm ambos cerca de 1000 miligramas de potássio, mas como uma porção de feijão-de-lima contém seis vezes mais calorias do que uma porção de acelga, a riqueza em nutrientes da acelga é mais elevada.

O teor de potássio no grupo das frutas e legumes pode variar muito, mesmo entre dois alimentos que parecem superficialmente muito semelhantes. Por exemplo, uma chávena de acelga cozida contém mais de três vezes mais potássio do que a mesma quantidade de couve ou mostarda.

Mesmo com esta variação relativamente grande, deve sentir-se confiante de que uma dieta maioritariamente à base de plantas, como o plano World's Healthiest Foods, irá satisfazer as suas necessidades de potássio com bastante facilidade. De facto, o nosso exemplo de plano alimentar de 7 dias tem uma média de quase 50% mais do que o Valor Diário (VD) de potássio.

Muitas das nossas receitas, como esta de Frango Grelhado e esta de Ovos Escalfados com Espinafres e Cogumelos, contêm mais de metade do valor diário recomendado de potássio. A primeira destas duas receitas contém mais potássio do que uma mulher americana adulta média come num único dia.

Alimentação	**Cals**	**DRI/DV (%)**
Feijão-de-lima	216	27
Beterrabas	39	37
Acelgas	35	27
Batata-doce	180	27
Batatas	161	26
Soja	298	25
Espinafres	41	24
Abacate	240	21
Feijão bravo	245	21
Lentilhas	230	21

Quadro 12 : Fontes de potássio

5.3 Tabela de classificação de nutrientes

Introdução à tabela do sistema de classificação de nutrientes

Para o ajudar a identificar melhor os alimentos que apresentam uma elevada concentração de nutrientes [32] em relação às calorias que contêm, criámos um Sistema de Classificação dos Alimentos. Este sistema permite-nos destacar os alimentos que são especialmente ricos em nutrientes específicos. O gráfico seguinte mostra os alimentos mais saudáveis do mundo que são uma fonte excelente, muito boa ou boa de potássio. Junto ao nome de cada alimento, encontrará o tamanho da porção que utilizámos para calcular a composição nutricional do alimento, as calorias contidas na porção, a quantidade de potássio contida numa porção do alimento, a percentagem do Valor Diário (DV%) que esta quantidade representa, a densidade nutricional que calculámos para este alimento e nutriente e a classificação que estabelecemos no nosso sistema de classificação. Para a maioria das nossas classificações de nutrientes, adoptámos as normas governamentais para a rotulagem de alimentos que se encontram nos "Valores de Referência para a Rotulagem Nutricional" da U.S. Food and Drug Administration. Leia mais informações de base e pormenores do nosso sistema de classificação.

Alimentação	Servir Tamanho	Cals	Montante (mg)	DRI/DV (%)	Nutriente Densidade	Mundial Mais saudável Classificação dos alimentos
Verduras de beterraba	1 chávena	38.9	1308.96	37	17.3	Excelente
Acelgas	1 chávena	35.0	960.75	27	14.1	excelente
Espinafres	1 chávena	41.4	838.80	24	10.4	excelente
Bok Choy	1 chávena	20.4	630.70	18	15.9	Excelente
Beterraba	1 chávena	74.8	518.50	15	3.6	muito bom
Couves-de-bruxelas	1 chávena	56.2	494.52	14	4.5	muito bom
Brócolos	1 chávena	54.6	457.08	13	4.3	muito bom
Cantaloupe	1 chávena	54.4	427.20	12	4.0	muito bom
Tomates	1 chávena	32.4	426.60	12	6.8	muito bom
Espargos	1 chávena	39.6	403.20	12	5.2	muito bom
Couve	1 chávena	43.5	393.00	11	4.6	muito bom
Cenouras	1 chávena	50.0	390.40	11	4.0	muito bom
Funcho	1 chávena	27.0	360.18	10	6.9	muito bom
Abóbora de verão	1 chávena	36.0	345.60	10	4.9	muito bom
Cogumelos, Crimini	1 chávena	15.8	322.56	9	10.5	muito bom
Couve	1 chávena	36.4	296.40	8	4.2	muito bom
Nabiças	1 chávena	28.8	292.32	8	5.2	muito bom
Aipo	1 chávena	16.2	262.60	8	8.4	muito bom
Alface romana	2 chávenas	16.0	232.18	7	7.5	muito bom

Pimentos	1 chávena	28.5	194.12	6	3.5	muito bom
Feijão-de-lima	1 chávena	216.2	955.04	27	2.3	Bom
Batata-doce	1 chávena	180.0	950.00	27	2.7	Bom
Batatas	1 chávena	160.9	925.55	26	3.0	Bom
Soja	1 chávena	297.6	885.80	25	1.5	Bom
Feijão Pinto	1 chávena	244.5	745.56	21	1.6	Bom
Lentilhas	1 chávena	229.7	730.62	21	1.6	Bom
Abacate	1 chávena	240.0	727.50	21	1.6	Bom
Feijão vermelho	1 chávena	224.8	716.85	20	1.6	Bom
Ervilhas secas	1 chávena	231.3	709.52	20	1.6	Bom
Atum	4 oz	147.4	597.61	17	2.1	Bom
Papaia	1 médio	118.7	502.32	14	2.2	Bom
Abóbora de inverno	1 chávena	75.8	494.05	14	3.3	Bom
Salmão	4 oz	157.6	492.15	14	1.6	Bom
Banana	1 médio	105.0	422.44	12	2.1	Bom
Ervilhas verdes	1 chávena	115.7	373.30	11	1.7	Bom
Vieiras	4 oz	125.9	356.07	10	1.5	Bom
Cebolas	1 chávena	92.4	348.60	10	1.9	Bom
Bacalhau	4 oz	96.4	327.72	9	1.7	Bom
Laranjas	1 médio	61.6	237.11	7	2.0	Bom
Mostarda	1 chávena	36.4	226.80	6	3.2	Bom
Acelgas	1 chávena	62.7	222.30	6	1.8	Bom
Morangos	1 chávena	46.1	220.32	6	2.5	Bom
Kiwis	12 polegadas	42.1	215.28	6	2.6	Bom

Framboesas	1 chávena	64.0	185.73	5	1.5	Bom
Feijão verde	1 chávena	43.8	182.50	5	2.1	Bom
Toranja	0.50 médio	41.0	177.92	5	2.2	Bom
Couve-flor	1 chávena	28.5	176.08	5	3.2	Bom
Melancia	1 chávena	45.6	170.24	5	1.9	Bom
Salsa	0,50 chávena	10.9	168.42	5	7.9	Bom
Pepino	1 chávena	15.6	152.88	4	5.0	Bom
Beringela	1 chávena	34.6	121.77	3	1.8	Bom
Figos	1 médio	37.0	116.00	3	1.6	Bom
Açafrão-da-terra	2 colheres de chá	15.6	111.10	3	3.7	Bom
Legumes do mar	1 COLHER DE SOPA	10.8	110.96	3	5.3	Bom
Pimentos	2 colheres de chá	15.2	105.30	3	3.6	Bom
Ameixa	12-1/8 polegadas	30.4	103.62	3	1.8	Bom
Damasco	1 inteiro	16.8	90.65	3	2.8	Bom

Classificação dos alimentos mais saudáveis do mundo	Regra
Excelente	DRI/DV>=75% OU
	Densidade>=7,6 E DRI/DV>=10%
muito bom	DRI/DV>=50% OU Densidade>=3,4 E DRI/DV>=5%
Bom	DRI/DV>=25% OU Densidade>=1,5 E DRI/DV>=2,5%

Tabela 13 : Os alimentos mais saudáveis do mundo que são uma excelente, muito boa ou boa fonte de

potássio.

5.4 Impacto da cozedura, armazenamento e transformação

Tal como outros minerais, o potássio é estável ao armazenamento. Não se registam alterações significativas na biodisponibilidade do potássio ao longo do tempo de armazenamento de qualquer alimento importante. Não é necessário tomar quaisquer precauções especiais de armazenamento para manter o teor de potássio dos alimentos.

A cozedura de legumes pode levar à perda de parte ou de grande parte do seu teor de potássio. No entanto, se seguir cuidadosamente as nossas receitas, será preservado potássio suficiente para lhe proporcionar benefícios para a saúde. Por exemplo, cozer ligeiramente os espinafres da forma que descrevemos no nosso perfil de espinafres leva a uma perda de cerca de um terço do potássio total; no entanto, como pode ver no gráfico abaixo, os espinafres cozinhados ainda contêm mais de 800 miligramas de potássio - mais de 20% do Valor Diário (VD).

A chave para preservar o teor de potássio dos alimentos durante a cozedura é minimizar a duração do contacto desses alimentos com a água de cozedura. Por exemplo, ferver os espinafres durante um segundo minuto aumenta a perda de potássio até 72% do seu conteúdo inicial. A metodologia de cozedura dos Alimentos Mais Saudáveis do Mundo foi concebida para minimizar as perdas de minerais, pelo que recomendamos que preste muita atenção aos tempos de cozedura para garantir uma boa retenção de potássio nos seus alimentos.

Não é invulgar encontrar compostos de potássio adicionados aos alimentos transformados. Exemplos incluem o sorbato de potássio adicionado aos alimentos como conservante e inibidor de bolores; o bissulfito de potássio adicionado como conservante; o cloreto de potássio como substituto do sal; o bitartarato de potássio como modificador de sabor; e o fosfato dipotássico como estabilizador e desacidificador. Em muitos casos, a adição de potássio durante a transformação não aumenta muito a ingestão diária média de potássio. No entanto, no caso de produtos transformados como os substitutos do sal, a adição de potássio pode ser substancial. Algumas marcas de substitutos do sal que utilizam cloreto de potássio fornecem mais de 600 miligramas de potássio num quarto de colher de chá.

5.5 Risco de carência alimentar

Normalmente utilizamos as normas de Dose Dietética de Referência (DRI) da National Academy of Sciences (NAS) quando definimos as nossas próprias recomendações de nutrientes. Uma subcategoria das DRIs são as doses adequadas, ou normas AI. Com base nestas AIs, mais de 98% de todos os americanos não conseguem obter potássio suficiente numa base diária. No caso de outros nutrientes, normalmente centramo-nos na idade, no género ou nas condições de doença como categorias de risco especiais de deficiência. No entanto, quando falamos de potássio, praticamente toda a gente está em risco de deficiência.

Embora todos os grupos pareçam estar a ter um mau desempenho, as mulheres e os afro-americanos parecem ter

o menor consumo de potássio. O elevado risco de deficiência nos americanos está diretamente relacionado com a nossa dependência excessiva de alimentos altamente processados como as nossas principais fontes de calorias. As refeições de alimentos integrais, como as receitas que apresentamos aqui no site World's Healthiest Foods, devem ajudar a garantir um baixo risco de deficiência de potássio. Aqui está um exemplo de uma receita de 10 minutos - Salada de estilo mediterrânico - que contém quase metade do valor diário recomendado para a ingestão de potássio.

5.5.1 Outras circunstâncias que podem contribuir para a deficiência

Mesmo nas pessoas que ingerem bastante potássio, a perda de fluidos pode levar a uma perda problemática de potássio. Por exemplo, as pessoas que fazem um treino físico intenso ou que trabalham ao ar livre num dia quente podem ter este problema.

Uma razão mais comum para ver níveis baixos de potássio é em pessoas que sofrem de diarreia aguda ou crónica. As pessoas com doença gastrointestinal crónica podem precisar de ter cuidado para manter níveis normais de potássio.

A utilização de determinados medicamentos sujeitos a receita médica e de venda livre também pode aumentar o risco de deficiência de potássio.

5.6 Relação com outros nutrientes

Como já foi referido, a relação entre o potássio e o sódio é fundamental para os benefícios para a saúde das dietas ricas em potássio. A relação entre sódio e potássio numa dieta moderna de alimentos processados é provavelmente próxima de 5:1, com cinco vezes mais sódio do que potássio. Os EUA seriam um bom exemplo de um país industrializado com este tipo de rácio elevado de sódio:potássio proveniente de alimentos processados. Em países não industrializados, onde a caça e a recolha de alimentos determinam a natureza do abastecimento alimentar, este rácio pode ser completamente invertido, com cinco vezes mais potássio do que sódio. As comunidades de algumas partes da Tanzânia seriam um bom exemplo deste tipo de cultura de caçadores-recolectores.

Os investigadores não sabem qual a melhor relação exacta entre potássio e sódio num plano alimentar. Mas sabem que a dieta média dos EUA está demasiado inclinada para o sódio e não o suficiente para o potássio.

Como regra geral, os queijos, os pães, as sopas enlatadas e os fast foods são alimentos com muito mais sódio do que potássio. As frutas, os legumes e os produtos lácteos sem queijo devem conter mais potássio do que sódio.

Alimentação	Potássio (mg)	Sódio (mg)	Rácio sódio/potássio
Banana	422	1	0.002
Abóbora de verão	g296	3	0.01
Cogumelos Crimini	389	5	0.01
Espinafres	839	126	0.15

Iogurte	573	175	0.3
Sardinhas	360	458	1.3
Hambúrguer de comida rápida	375	1137	3.0

Quadro 14: Quadro que mostra que os alimentos frescos e integrais tendem a ter mais potássio do que sódio.

Como o gráfico acima deve deixar claro, os alimentos frescos e integrais tendem a ter mais potássio do que sódio, enquanto os alimentos preparados tendem a apresentar a proporção oposta. Como as receitas dos Alimentos Mais Saudáveis do Mundo tendem a ter pouca ou nenhuma adição de sódio, conseguimos preservar este equilíbrio benéfico de sódio e potássio ao longo da nossa abordagem.

Alguns estudos, mas não todos, sugerem que uma dieta rica em potássio pode ajudar a evitar a perda de cálcio na urina. A ideia é que os sais de potássio presentes nas frutas e nos legumes tendem a contrariar os efeitos de dietas ricas em proteínas formadoras de ácido e que, por sua vez, reduzem a necessidade de extrair cálcio dos ossos para tamponar o ácido. Até à data, os investigadores demonstraram benefícios a curto prazo do potássio dietético nas medidas do equilíbrio do cálcio, mas não conseguiram demonstrar uma melhoria da saúde óssea.

5.7 Risco de toxicidade alimentar

Para pessoas saudáveis com uma função renal normal, não existe qualquer risco conhecido de toxicidade devido a um excesso de potássio na dieta, em qualquer circunstância. As pessoas com doenças que afectam o equilíbrio dos fluidos - incluindo doenças renais, algumas doenças hormonais e insuficiência cardíaca - devem consultar o seu médico antes de tentarem deliberadamente aumentar o potássio na dieta.

É também de salientar que a Academia Nacional de Ciências (NAS) optou por não definir um limite superior tolerável (UL) para o potássio.

5.7.1 Lista de controlo de doenças

- Tensão arterial elevada
- Acidente vascular cerebral
- Pedras nos rins
- Fadiga
- PMS
- Diarreia
- Vómitos
- Exercício de resistência

5.7.2 Distúrbios do potássio

A hipocalemia ou **hipocalemia**, também **hipopotassemia** ou **hipopotassemia** (CID-9), refere-se à situação em que a concentração de potássio (K^+) no sangue é baixa. A hipocalemia ligeira não apresenta frequentemente sintomas, embora possa causar uma elevação da pressão arterial[3] e provocar o desenvolvimento de um ritmo cardíaco anormal. A hipocalemia grave, com concentrações séricas de potássio de 2,5-3 meq/l (Nl: 3,5-5,0 meq/l), pode causar fraqueza muscular, mialgia, tremores e cãibras musculares (devido a perturbações no funcionamento do músculo esquelético) e obstipação (devido a perturbações no funcionamento do músculo liso). Com hipocaliémia mais grave, pode ocorrer paralisia flácida e hiporreflexia.

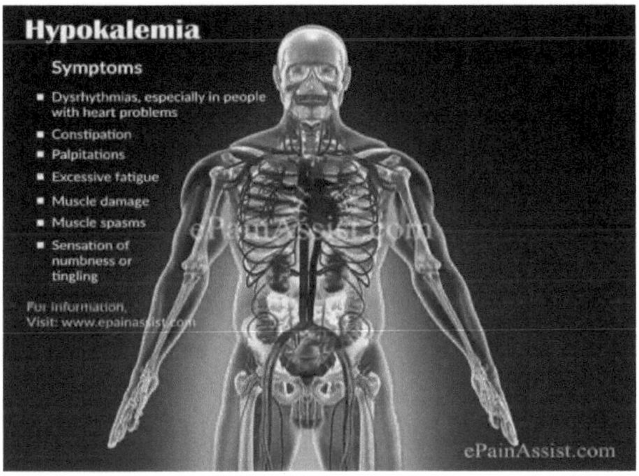

Figura 20: Hipocalemia

Hipercalemia refere-se a uma concentração elevada do eletrólito potássio (K^+) no sangue. Os sintomas de potássio elevado são inespecíficos e a condição é geralmente descoberta num exame de sangue realizado por outro motivo. A hipercalemia extrema é uma emergência médica, devido ao risco de ritmos cardíacos anormais potencialmente fatais (arritmia).

5.8 Recomendações de saúde pública

Em 2004, a Academia Nacional de Ciências (NAS) estabeleceu níveis de Dose Dietética de Referência (DRI) para o potássio. Especificamente, estes níveis eram níveis de ingestão adequada (AI) para diferentes grupos etários e géneros, como se segue:

- 0-6 meses: 400 mg
- 7-12 meses: 700 mg
- 1-3 anos: 3.000 mg
- 4-8 anos: 3.800 mg
- 9-13 anos: 4.500 mg

- Mais de 19 anos: 4.700 mg
- Mulheres grávidas: 4,700 mg
- Mulheres em período de lactação: 5.100 mg

O Valor Diário (VD) de potássio é de 3.500 miligramas. Este VD é o padrão que se vê nos rótulos dos alimentos. É também o padrão que adoptámos como o nosso padrão WHFoods. Atualmente, não existe um nível de ingestão superior tolerável (UL) para o potássio...

CAPÍTULO 6

SÓDIO

6. SÓDIO

O sódio é um elemento químico de símbolo **Na** e número atómico 11. É um metal macio, branco-prateado e altamente reativo. Na Tabela Periódica, encontra-se na coluna 1 (metais alcalinos) e, tal como os outros seis elementos dessa coluna, tem um único eletrão na sua camada exterior que doa facilmente, criando um átomo com carga positiva - um catião. O seu único isótopo estável é o^{23} Na. O metal livre não ocorre na natureza, mas deve ser preparado a partir de compostos. O sódio é o sexto elemento mais abundante na crosta terrestre e existe em numerosos minerais como os feldspatos, a sodalita e o sal-gema (NaCl). Muitos sais de sódio são altamente solúveis em água: os iões de sódio foram lixiviados pela ação da água dos minerais da Terra ao longo de eras; o sódio e o cloro são os elementos dissolvidos mais comuns, em peso, nos oceanos.

O sódio foi isolado pela primeira vez por Humphry Davy em 1807, através da eletrólise do hidróxido de sódio. Entre muitos outros compostos de sódio úteis, o hidróxido de sódio (lixívia) é utilizado no fabrico de sabão, e o cloreto de sódio (sal comestível) é um agente descongelante e um nutriente para humanos e gado.

6.1 Funções do sódio no organismo

O sódio é um elemento essencial para todos os animais e algumas plantas. Os iões de sódio são o principal catião no fluido extracelular (ECF) e, como tal, são o principal contribuinte para a pressão osmótica do ECF e para o volume do compartimento ECF. A perda de água do compartimento do FEC aumenta a concentração de sódio , uma situação denominada hipernatremia. A perda isotónica de água e sódio do compartimento do FCE diminui o tamanho desse compartimento, numa situação denominada hipovolemia do FCE.

Por meio da Na+/K+-ATPase, as células humanas vivas bombeiam três iões de sódio para fora da célula em troca de dois iões de potássio bombeados para dentro; comparando as concentrações de iões através da membrana celular, de dentro para fora, o potássio mede cerca de 40:1 e o sódio, cerca de 1:10. Nas células nervosas, a carga eléctrica que atravessa a membrana celular permite a transmissão do impulso nervoso - um potencial de ação - quando a carga é dissipada; o sódio desempenha um papel fundamental nessa atividade.

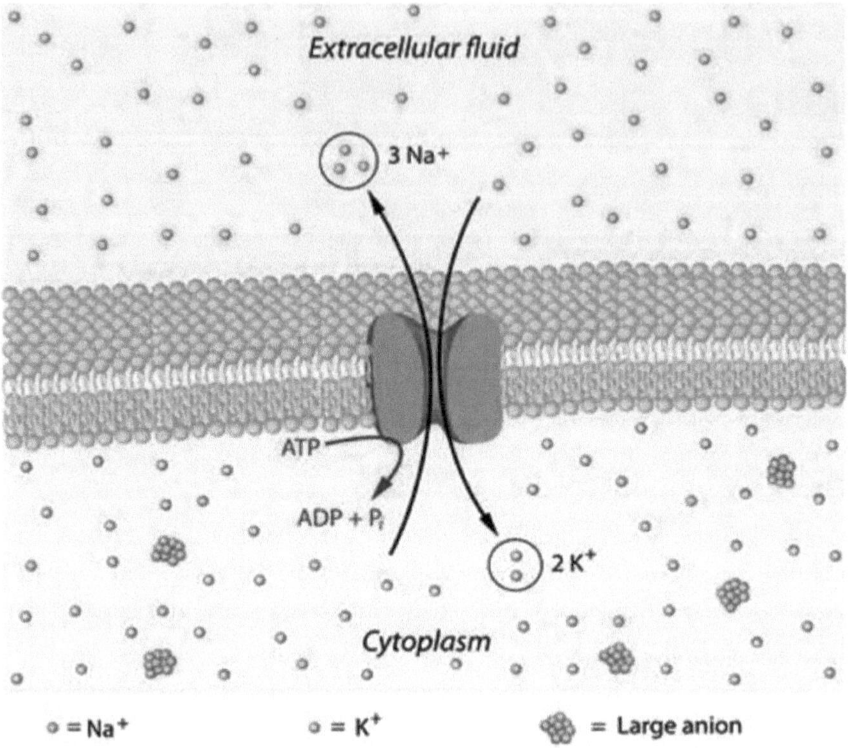

Figura 21: Na+/K+-ATPase

Nos seres humanos, o sódio é um mineral essencial que regula o volume sanguíneo, a pressão arterial, o equilíbrio osmótico e o pH; a necessidade fisiológica mínima de sódio é de 500 miligramas por dia. O cloreto de sódio é a principal fonte de sódio na alimentação e é utilizado como condimento e conservante em produtos como conservas em espuma e carne seca; para os americanos, a maior parte do cloreto de sódio provém de alimentos processados. A hipertensão causa 7,6 milhões de mortes prematuras por ano em todo o mundo.

O sistema renina-angiotensina regula a quantidade de fluidos e a concentração de sódio no organismo. A redução da pressão arterial e da concentração de sódio no rim resulta na produção de renina, que por sua vez produz aldosterona e angiotensina, retendo o sódio na urina. Quando a concentração de sódio aumenta, a produção de renina diminui e a concentração de sódio volta ao normal. O sódio é importante na função dos neurónios e na osmorregulação entre as células e o fluido extracelular. Isto é conseguido em todos os animais pela $Na+/K^+$ -ATPase, um transportador ativo que bombeia iões contra o gradiente, e pelos canais de sódio/potássio. O sódio é o ião metálico mais prevalente no fluido extracelular.

Nas plantas C4, o sódio é um micronutriente que auxilia no metabolismo, nomeadamente na regeneração do fosfoenolpiruvato e na síntese da clorofila. Noutras, substitui o potássio em várias funções, como a manutenção da pressão de turgor e o auxílio na abertura e fecho dos estomas. O excesso de sódio no solo limita a absorção de água, diminuindo o potencial hídrico, o que pode resultar no murchamento da planta; concentrações excessivas no citoplasma podem levar à inibição de enzimas, o que, por sua vez, causa necrose e clorose. Em resposta, algumas plantas desenvolveram mecanismos para limitar a absorção de sódio nas raízes, para o armazenar nos vacúolos celulares e para restringir o transporte de sal das raízes para as folhas; o excesso de sódio pode também ser armazenado nos tecidos velhos das plantas, limitando os danos causados ao novo crescimento.

Sempre que há um aumento da concentração de sódio no sangue, o rim liberta a maior parte dele para que haja água suficiente para uso do corpo. Mas quando há uma diminuição da sua concentração, há uma maior libertação de água para armazenar mais sódio, de que o corpo precisa muito. Este processo é conhecido como osmo-regulação.

O sódio é o principal catião (ião positivo) nos fluidos extracelulares dos animais e dos seres humanos. Estes fluidos, como o plasma sanguíneo e os fluidos extracelulares noutros tecidos, banham as células e desempenham funções de transporte de nutrientes e resíduos. O sódio é também o principal catião da água do mar, embora a sua concentração seja cerca de 3,8 vezes superior à concentração normal nos fluidos corporais extracelulares.

6.2 Sódio urinário

Uma vez que o sistema hipotálamo/osmorreceptor funciona normalmente bem para provocar a ingestão de líquidos ou a micção para repor as concentrações de sódio no organismo, este sistema pode ser utilizado no tratamento médico para regular o conteúdo total de fluidos do organismo, controlando primeiro o conteúdo de sódio do organismo. Assim, quando é administrado um medicamento diurético potente que leva os rins a excretar sódio, o efeito é acompanhado por uma excreção de água corporal (a perda de água acompanha a perda de sódio). Isto acontece porque o rim é incapaz de reter eficazmente a água enquanto excreta grandes quantidades de sódio. Além disso, após a excreção de sódio, o sistema osmorreceptor pode sentir uma diminuição da concentração de sódio no sangue e, em seguida, direcionar a perda de água urinária compensatória para corrigir o estado hiponatrémico (baixo teor de sódio no sangue).

6.3 Fontes alimentares de sódio

Top Sources of Sodium in the Diet
Breads and rolls
Cold cuts and cured meats
Pizza
Poultry
Soups
Sandwiches
Cheese
Pasta dishes
Meat dishes
Snacks

Figura 22 : Fontes de sódio

6.4 Dose diária recomendada :

A U.S. Food and Drug Administration recomenda que os indivíduos não consumam mais de 2.300 miligramas de sódio por dia, e que certos grupos limitem a ingestão a 1.500 miligramas por dia. A FDA não desenvolve diretrizes nutricionais, mas defende as Diretrizes Dietéticas para os Americanos, uma publicação que os departamentos de Agricultura e Saúde e Serviços Humanos dos EUA publicam de cinco em cinco anos. A FDA tenta persuadir os fabricantes de alimentos a utilizarem menos sódio nos seus produtos, mas não regula os níveis de sódio no abastecimento alimentar dos EUA desde maio de 2012.

6.4.1 A hiponatremia é uma baixa concentração de sódio no sangue. Os níveis normais de sódio sérico situam-se entre aproximadamente 135 e 145 mEq/litro (135 - 145 mmol/L). A hiponatremia é geralmente definida como um nível de sódio sérico inferior a 135 mEq/L e é considerada grave quando o nível de sódio sérico é inferior a 125 mEq/L. Os sinais e sintomas de hiponatremia incluem náuseas e vómitos, dores de cabeça, memória de curto prazo

perda, confusão, letargia, fadiga, perda de apetite, irritabilidade, fraqueza muscular, espasmos ou cãibras, convulsões e diminuição da consciência ou coma.

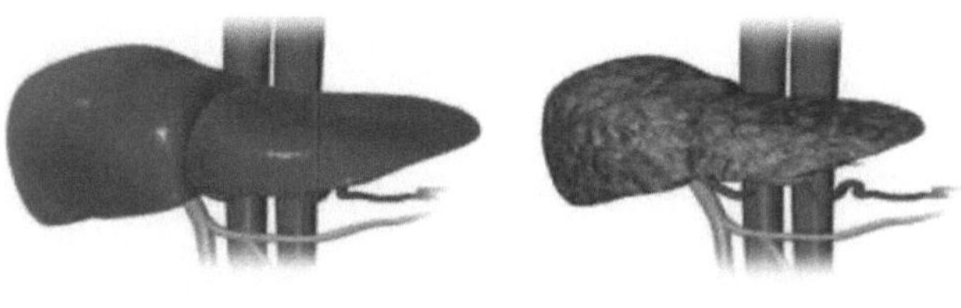

v

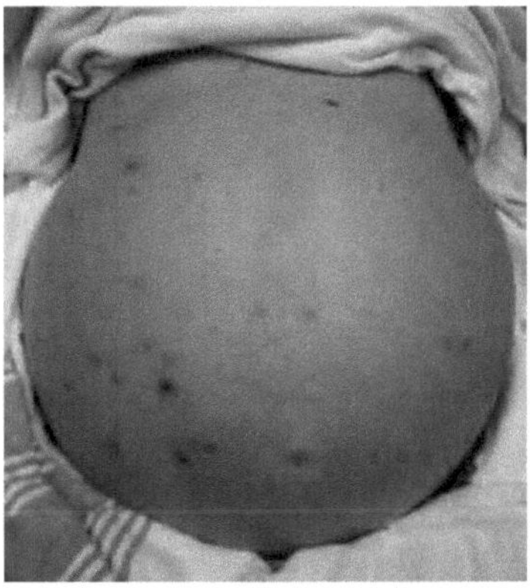

Figure 23 : Hiponatremia

6.5.2 A hipernatremia é um nível elevado de sódio no sangue, especificamente um nível sérico superior a 145 mEq/L. A hipernatremia não é geralmente causada por um excesso de sódio, mas sim por um défice relativo de água livre no organismo. Os sinais mais importantes resultam do encolhimento das células cerebrais e incluem confusão, contracções musculares ou espasmos e, com elevações graves, podem ocorrer convulsões e coma.

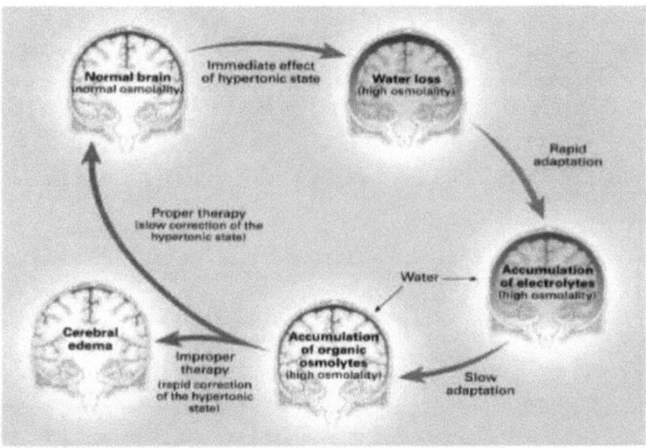

Effects of hypernatremia on the brain. Brain shrinkage within minutes of development of hypertonicity.Rapid adaptation in few hrs. Rapid correction results in cerebral edema

Figure 24 : Hipernatremia

CAPÍTULO 7

CLORO

7. **CLORO**

O cloreto é o anião (ião com carga negativa) Cl^-. Forma-se quando o elemento cloro (um halogéneo) ganha um eletrão ou quando um composto como o cloreto de hidrogénio é dissolvido em água ou noutros solventes polares. Os sais de cloreto, como o cloreto de sódio, são frequentemente muito solúveis em água.

7.1 Fontes de cloro

O sal comum é uma importante fonte de cloro. Os alimentos transformados também constituem boas fontes de cloro.

Figura 25: Fontes de cloro

7.2 Dose diária recomendada

O cloro não tem uma DDR estabelecida. De facto, estando presente em quase todos os alimentos, é normalmente ingerido em quantidades adequadas pela maioria da população. Mesmo aqueles que seguem dietas com baixo teor de sódio ingerem quantidades adequadas deste mineral.

No entanto, recomenda-se que não se exceda 6 gramas de sal por dia.

7.3 Papel do cloro no organismo

É um eletrólito essencial localizado em todos os fluidos corporais, responsável pela manutenção do equilíbrio ácido/base, pela transmissão de impulsos nervosos e pela regulação dos fluidos que entram e saem das células. É um anião no corpo humano necessário para o metabolismo (o processo de transformar alimentos em energia). Também ajuda a manter o equilíbrio ácido-base do corpo. A quantidade de cloreto no soro é cuidadosamente controlada pelos rins.

Os iões cloreto têm papéis fisiológicos importantes. Por exemplo, no sistema nervoso central, a ação inibitória da glicina e parte da ação do GABA dependem da entrada de Cl^- em neurónios específicos. Além disso, a proteína de transporte biológico do permutador de cloreto-bicarbonato depende do ião cloreto para aumentar a capacidade do sangue para receber dióxido de carbono, sob a forma de ião bicarbonato; este é o mecanismo subjacente ao desvio de cloreto que ocorre quando o sangue passa através de leitos capilares consumidores de oxigénio.

O intervalo normal de referência de cloreto no sangue para adultos, na maioria dos laboratórios, é de 96 a 106 miliequivalentes (mEq) por litro. O intervalo normal pode variar ligeiramente de laboratório para laboratório. Os intervalos normais são geralmente indicados junto aos resultados no relatório do laboratório. Um exame de diagnóstico pode usar um cloridómetro para determinar o nível de cloreto no soro.

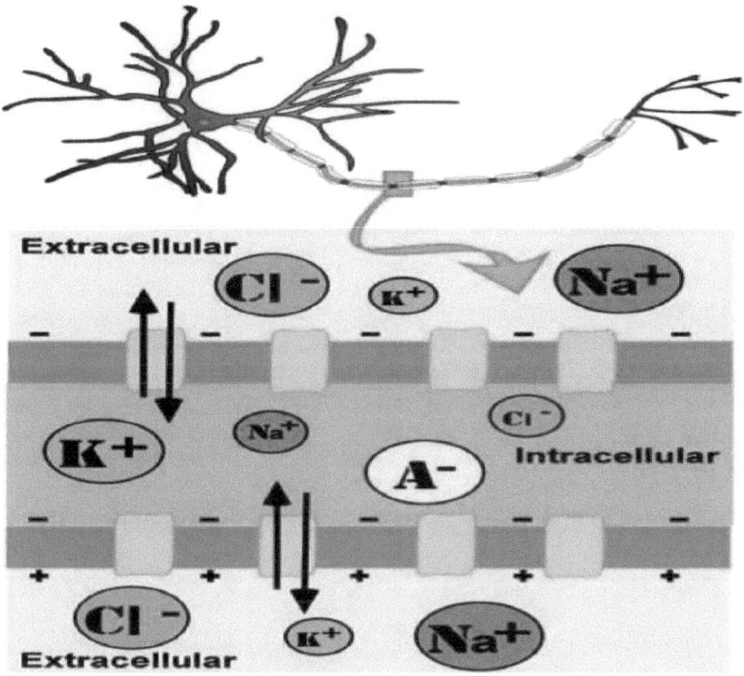

Figura 26 : Papel do cloro no organismo

O sistema pode ser ativado quando há uma perda de volume sanguíneo ou uma queda da pressão sanguínea (como em caso de hemorragia ou desidratação). Esta perda de pressão é interpretada pelos barorreceptores no seio carotídeo. De forma alternativa, uma diminuição da concentração de NaCl no filtrado e/ou uma diminuição do caudal do filtrado estimulam a mácula densa a sinalizar as células justaglomerulares para libertarem renina.

1. Se a perfusão do aparelho justaglomerular na mácula densa do rim diminuir, as células justaglomerulares (células granulares, pericitos modificados no capilar glomerular) libertam a enzima renina.

2. A renina cliva um decapeptídeo de uma α-2-globulina plasmática chamada angiotensinogénio. O péptido com 10 aminoácidos de comprimento é conhecido como *angiotensina I*.

3. A angiotensina I é depois convertida em *angiotensina II* pela enzima de conversão da angiotensina (ECA), que se pensa encontrar-se principalmente nos capilares pulmonares. Um estudo de 1992 encontrou a ECA em todas as células endoteliais dos vasos sanguíneos.

A angiotensina II é o principal produto bioativo do sistema renina-angiotensina, ligando-se a receptores nas células mesangiais intraglomerulares, provocando a contração destas células juntamente com os vasos sanguíneos que as rodeiam e causando a libertação de aldosterona da zona glomerulosa no córtex suprarrenal. A angiotensina II actua como uma hormona endócrina, autócrina/parácrina e intracrina.

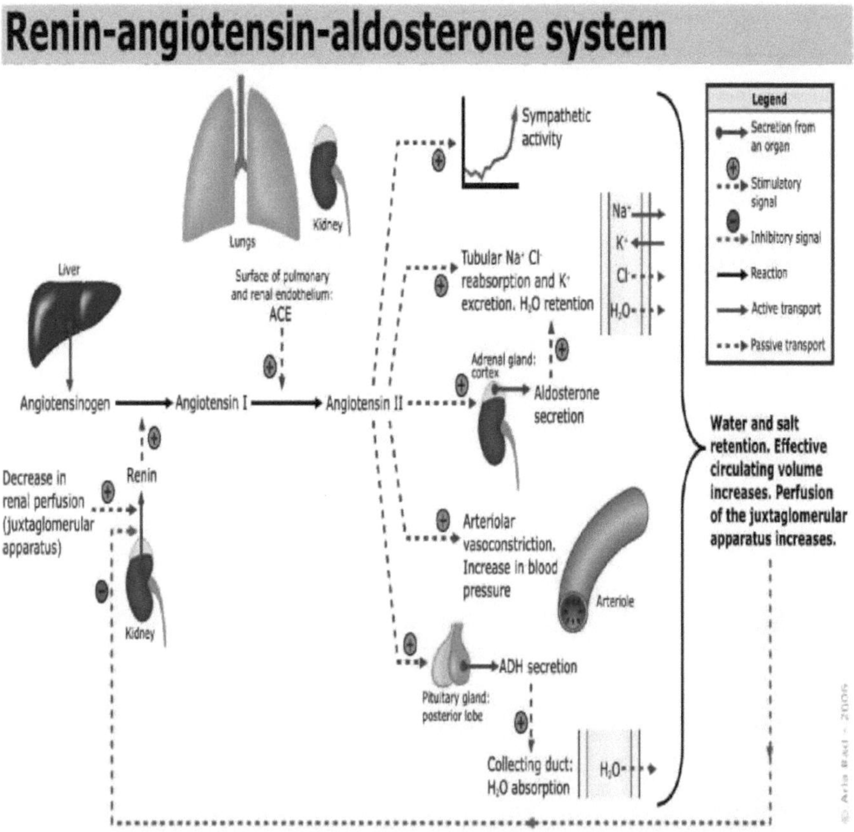

Figura 27: Sistema Renina Angiotensina

O desvio de cloreto (também conhecido como **desvio de Hamburger** ou **fenómeno de Hamburger**, em homenagem a Hartog Jakob Hamburger) é um processo que ocorre no sistema cardiovascular e refere-se à troca de bicarbonato (HCO_3^-) e cloreto (Cl^-) através da membrana dos glóbulos vermelhos (hemácias).

O dióxido de carbono (CO_2) gerado nos tecidos difunde-se passivamente para os capilares através do líquido intersticial. Uma vez em circulação, o CO_2 entra nos glóbulos vermelhos para equilibrar as pressões parciais de CO_2 intracelular e extracelular. Os glóbulos vermelhos contêm quantidades apreciáveis de anidrase carbónica, uma enzima que catalisa a conversão de CO_2 em ácido carbónico e que não é muito expressa no líquido intersticial e no plasma. A anidrase carbónica das hemácias catalisa a conversão do CO_2 dissolvido e da água intracelular em ácido carbónico (H_2CO_3), que se dissocia espontaneamente para formar bicarbonato (HCO_3^-) e um ião hidrogénio (H^+). Em resposta à queda do pCO_2 intracelular, mais CO_2 difunde-se passivamente para o interior da célula.

As membranas dos glóbulos vermelhos são impermeáveis aos iões de hidrogénio, mas são capazes de trocar iões de bicarbonato por iões de cloreto utilizando a proteína de permuta aniónica Band 3. O aumento do bicarbonato intracelular leva à exportação de bicarbonato e ao consumo de cloreto. O termo "cloride shift" refere-se a esta troca. Como resultado, a concentração plasmática de cloreto é mais baixa[2] no sangue venoso sistémico do que no sangue arterial sistémico: o pCO2 venoso elevado leva à produção de bicarbonato nas hemácias, que depois sai das hemácias em troca do cloreto que entra.

O processo oposto ocorre nos capilares pulmonares dos pulmões quando a PO2 aumenta e a PCO2 diminui, e ocorre o efeito Haldane (libertação de CO_2 da hemoglobina durante a oxigenação). Isto liberta iões de hidrogénio da hemoglobina, aumenta a concentração de H^+ nas hemácias e altera o equilíbrio para a formação de CO_2 e água a partir do bicarbonato. A diminuição subsequente da concentração intracelular de bicarbonato inverte a troca cloreto-bicarbonato: o bicarbonato entra na célula em troca do cloreto que sai. O movimento para o interior do bicarbonato através do permutador da banda 3 permite que a anidrase carbónica o converta em CO_2 para expiração.

O desvio do cloreto pode também regular a afinidade da hemoglobina pelo oxigénio através da atuação do ião cloreto como um efeito alostérico.

As propriedades subjacentes que criam o desvio do cloreto são a presença de anidrase carbónica nas hemácias, mas não no plasma, e a permeabilidade da membrana das hemácias ao dióxido de carbono e ao ião bicarbonato, mas não ao ião hidrogénio. O processo contínuo de dissociação do ácido carbónico e a saída de iões bicarbonato conduziriam eventualmente a uma alteração do potencial elétrico intracelular devido à permanência de iões H+. O influxo de iões cloreto mantém a neutralidade eléctrica de uma célula. O sentido líquido da troca bicarbonato-cloreto (bicarbonato para fora das hemácias nos capilares sistémicos, bicarbonato para dentro das hemácias nos capilares pulmonares) segue na direção que diminui a soma dos potenciais electroquímicos dos iões cloreto e bicarbonato transportados.

7.4 Perturbações do cloro

7.4.1 A hipercloremia é um distúrbio eletrolítico em que existe um nível anormalmente elevado do ião cloreto no sangue. O intervalo sérico normal para o cloreto é de 97 a 107 mEq/L. A hiperclorémia é definida como uma concentração de cloreto que excede este nível. A hipercloremia pode afetar o transporte de oxigénio. Frequentemente, a hiperclorémia não produz quaisquer sintomas. Nos casos em que se desenvolvem sintomas, a manifestação assemelha-se à hipernatremia. A redução do cloreto sanguíneo provoca uma desidratação cerebral; os sintomas são mais frequentemente provocados por uma reidratação rápida que provoca um edema cerebral. Se o doente for diabético, a hipercloremia pode levar a um mau controlo da concentração de açúcar no sangue, o que pode provocar a sua elevação. A hiperclorémia pode ser sintomática com sinais de respiração de Kussmaul, fraqueza e sede intensa.

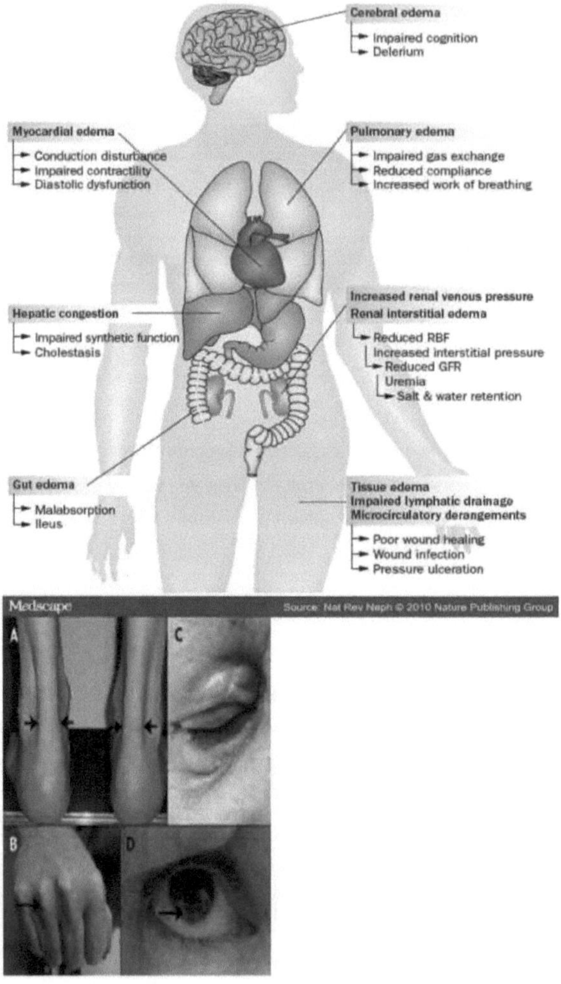

Figura 28: Hiperclorémia

7.4.2 A hipocloremia é um distúrbio eletrolítico em que existe um nível anormalmente baixo do ião cloreto no sangue. O intervalo sérico normal para o cloreto é de 97 a 107 mEq/L. Raramente ocorre na ausência de outras anomalias. Está por vezes associada a hipoventilação. Pode estar associada a acidose respiratória crónica. Se ocorrer juntamente com alcalose metabólica (diminuição da acidez sanguínea), é frequentemente devida a vómitos. Geralmente é o resultado de hiponatremia ou de uma concentração elevada de bicarbonato. Ocorre na fibrose quística.

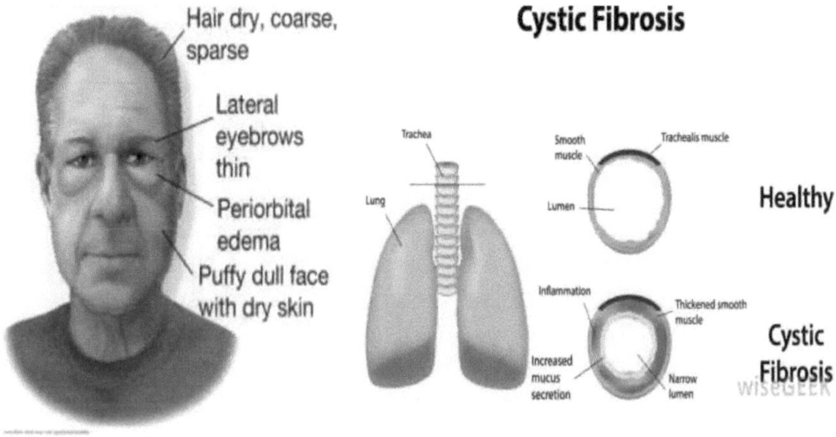

Figura 29 : Hipocloremia

CAPÍTULO 8

SULFUR

8 Enxofre

O enxofre representa cerca de 0,25 por cento do peso total do nosso corpo, à semelhança do potássio. O corpo contém aproximadamente 140 gramas de enxofre - principalmente nas proteínas, embora esteja distribuído em pequenas quantidades em todas as células e tecidos. O enxofre tem um odor caraterístico que pode ser sentido quando se queima o cabelo ou a lã de ovelha. A queratina, presente na pele, no cabelo e nas unhas, é particularmente rica no aminoácido cistina, que se encontra no enxofre. A ligação enxofre-enxofre na queratina confere-lhe maior resistência. O enxofre é um elemento químico que, no corpo humano, faz parte de

- Proteínas
- Coenzima A (CoA), necessária para a libertação de energia dos nutrientes
- Glutatião, um antioxidante
- Heparina, um anticoagulante
- Sulfato de heparano, uma substância viscosa entre as células da cartilagem, da pele e do cabelo

8.1 Fontes: Como parte de quatro aminoácidos, o enxofre está prontamente disponível em alimentos proteicos - carne, peixe, aves, ovos, leite e legumes são todas boas fontes. As gemas de ovo são uma das melhores fontes de enxofre. Outros alimentos que contêm este mineral algo malcheiroso são as cebolas, o alho, a couve, as couves-de-bruxelas e os nabos. Os frutos secos têm algum, tal como a couve, a alface, as algas e outras algas marinhas e as framboesas. Os vegetarianos completos (aqueles que não comem ovos ou leite) e as pessoas com dietas pobres em proteínas podem não obter quantidades suficientes de enxofre; a deficiência de enxofre resultante é difícil de diferenciar clinicamente da deficiência de proteínas, que é muito mais preocupante.

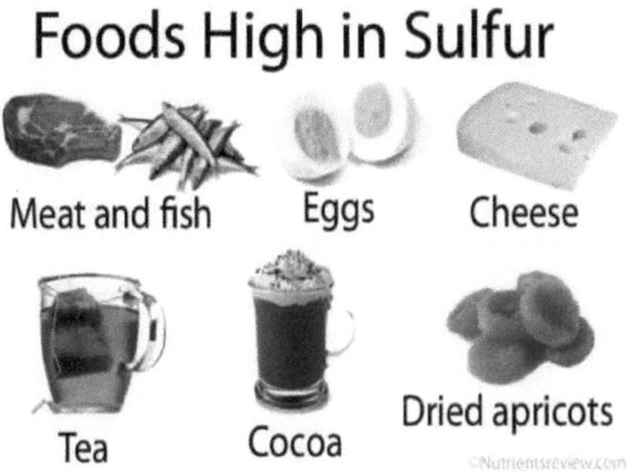

Figura 30: Fontes de enxofre

8.2 Papel do enxofre no organismo

O enxofre está presente em quatro aminoácidos: a metionina, um aminoácido essencial; a cistina e a cisteína não essenciais, que podem ser produzidas a partir da metionina; e a taurina, que não faz parte dos tecidos do corpo mas ajuda a produzir ácido biliar para a digestão. O enxofre também está presente em duas vitaminas B, a tiamina e a biotina; curiosamente, a tiamina é importante para a pele e a biotina para o cabelo. O enxofre também está disponível sob a forma de vários sulfatos ou sulfuretos. Mas, de um modo geral, o enxofre é mais importante como parte das proteínas.

O enxofre tem sido utilizado vulgarmente desde o início do século XIX. O "tónico de primavera" da avó era composto principalmente por enxofre e melaço. Também actuava como laxante. O enxofre tem sido conhecido como o "mineral da beleza" porque ajuda a tez e a pele a manterem-se claras e jovens. O gás sulfídrico presente nas cebolas é o que provoca o lacrimejo. Este gás também pode ser produzido por bactérias intestinais e é absorvido pelo corpo ou libertado como gás com um odor caraterístico.

O enxofre é absorvido pelo intestino delgado principalmente sob a forma dos quatro aminoácidos que contêm enxofre ou dos sulfatos presentes na água ou nos frutos e legumes. Pensa-se que o enxofre elementar não é utilizado pelo organismo humano. O enxofre é armazenado em todas as células do corpo, especialmente na pele, no cabelo e nas unhas. As quantidades em excesso são eliminadas através da urina ou das fezes.

Como parte de quatro aminoácidos, o enxofre desempenha uma série de funções nas reacções enzimáticas e na síntese de proteínas. É necessário para a formação de colagénio, a proteína que se encontra no tecido conjuntivo do nosso corpo. O enxofre também está presente na queratina, que é necessária para a manutenção da pele, do cabelo e das unhas, ajudando a dar força, forma e dureza a estes tecidos proteicos. O enxofre também está presente no pelo e nas penas de outros animais. A cistina presente no pelo liberta o cheiro a enxofre quando este é queimado. O enxofre, como a cistina e a metionina, faz parte de outras substâncias químicas importantes para o organismo: a insulina, que ajuda a regular o metabolismo dos hidratos de carbono, e a heparina, um anticoagulante. A taurina encontra-se nos ácidos biliares, utilizados na digestão. Os aminoácidos com enxofre ajudam a formar outras substâncias, como a biotina, a coenzima A, o ácido lipóico e o glutatião. Os mucopolissacáridos podem conter sulfato de condroitina, que é importante para os tecidos das articulações.

O enxofre é importante para a respiração celular, uma vez que é necessário nas reacções de oxidação-redução que ajudam as células a utilizar o oxigénio, o que ajuda o funcionamento do cérebro e toda a atividade celular. Estas reacções dependem da cisteína, que também ajuda o fígado a produzir secreções biliares e a eliminar outras toxinas. Pensa-se que a L-cisteína ajuda geralmente os mecanismos de desintoxicação do corpo através do composto tripeptídico, glutatião.

8.3 Utilizações do enxofre : Na sua forma elementar, o enxofre foi utilizado para muitas doenças durante o século XIX. No século XX, o foco está mais nos aminoácidos contendo enxofre, usados internamente; ou como pomadas contendo enxofre elementar usadas para doenças de pele como eczema, dermatite e psoríase. A psoríase tem sido tratada com enxofre oral juntamente com zinco. Outros problemas da pele ou do cabelo têm sido tratados com outros compostos contendo enxofre.

Os problemas nas articulações podem ser ajudados pelo sulfato de condroitina, que se encontra em grandes quantidades nos tecidos das articulações. Durante séculos, as pessoas que sofrem de artrite têm sido ajudadas por banhos em águas que contêm grandes quantidades de enxofre. O enxofre oral sob a forma de sulfatos em doses de 500 a 1000 mg pode também reduzir os sintomas em alguns doentes. O sulfato de magnésio, que não é absorvido, tem sido utilizado como laxante. A taurina, outro aminoácido que contém enxofre, tem sido usada no tratamento da epilepsia, geralmente junto com o zinco. Uma forma fisiológica de enxofre chamada metilsulfonilmetano (MSM) tornou-se recentemente disponível e pode ser útil em pacientes com alergias (ver Capítulo 7, Nutrientes acessórios).

Se precisarmos de mais enxofre, podemos obtê-lo comendo um ou dois ovos por dia ou comendo mais alho ou cebola, bem como outros alimentos com enxofre. Não há motivo real para preocupação com o colesterol dos ovos se a dieta for geralmente pobre em gordura e o nível de colesterol no sangue não estiver elevado.

8.4 Deficiência e toxicidade: Existe uma razão mínima para se preocupar com a toxicidade ou deficiência de enxofre no organismo. Não existem sintomas claramente definidos em nenhum dos estados. A deficiência de enxofre é mais comum quando os alimentos são cultivados em solos pobres em enxofre, com dietas pobres em proteínas ou com falta de bactérias intestinais, embora nenhuma destas situações pareça causar quaisquer problemas relativamente às funções e ao metabolismo do enxofre.

8.5 Requisitos: Não existe uma DDR específica para o enxofre, para além de os aminoácidos de que fazem parte serem necessários para satisfazer as necessidades proteicas. As nossas necessidades são normalmente satisfeitas com facilidade através da dieta. Pensa-se que são necessários cerca de 850 mg para a renovação básica do enxofre no organismo. Não existe muita informação disponível sobre o teor de enxofre dos alimentos, nem existem suplementos específicos para o enxofre. Descobri que não é realmente uma preocupação nutricional.

8.6 Intervenções nutricionais

A nutrição[33] influencia diretamente os progressos no sentido da realização dos Objectivos do Milénio de erradicação da fome e da pobreza através da saúde e da educação. Por conseguinte, as intervenções no domínio da nutrição adoptam uma abordagem multifacetada para melhorar o estado nutricional de várias populações. As políticas e os programas devem visar tanto as mudanças de comportamento individuais como as abordagens políticas em matéria de saúde pública. Embora a maioria das intervenções no domínio da nutrição se concentre na prestação de serviços através do sector da saúde, são igualmente importantes as intervenções fora do sector da saúde que visam a agricultura, a água e o saneamento e a educação. As deficiências globais de micronutrientes no domínio da nutrição são frequentemente objeto de abordagens de solução em grande escala através da intervenção de grandes organizações governamentais e não governamentais. Por exemplo, em 1990, a deficiência de iodo era particularmente prevalecente, com um em cada cinco agregados familiares, ou seja, 1,7 mil milhões de pessoas, a não consumir iodo adequado, o que as deixava em risco de desenvolver doenças associadas. Por conseguinte, uma campanha global de iodização do sal para eliminar a deficiência de iodo conseguiu aumentar a taxa para 69% dos agregados familiares no mundo que consomem quantidades adequadas de iodo.

As situações de emergência e de crise agravam frequentemente a subnutrição, devido às consequências das crises que incluem a insegurança alimentar, a falta de recursos sanitários, ambientes insalubres e práticas de saúde deficientes. Por conseguinte, as repercussões das catástrofes naturais e de outras situações de emergência podem aumentar exponencialmente as taxas de carências de macro e micronutrientes nas populações. As intervenções de socorro em caso de catástrofe adoptam frequentemente uma abordagem de saúde pública multifacetada. A programação da UNICEF que visa os serviços de nutrição em contextos de catástrofe inclui avaliações nutricionais, imunização contra o sarampo, suplementação com vitamina A, fornecimento de alimentos fortificados e suplementos de micronutrientes, apoio ao aleitamento materno e alimentação complementar para bebés e crianças pequenas, e alimentação terapêutica e suplementar. Por exemplo, durante a crise alimentar de 2005 na Nigéria, 300.000 crianças receberam programas de alimentação nutricional terapêutica através da colaboração da UNICEF, do governo do Níger, do Programa Alimentar Mundial e de 24 ONG que utilizaram esquemas de alimentação comunitários e baseados em instalações.

As intervenções dirigidas a mulheres grávidas, bebés e crianças adoptam uma abordagem comportamental e baseada em programas. Os objectivos da intervenção comportamental incluem a promoção de uma amamentação adequada, o início imediato da amamentação e a sua continuação até aos 2 anos e mais tarde. A UNICEF reconhece que, para promover estes comportamentos, é necessário criar ambientes saudáveis que conduzam à promoção destes comportamentos, como ambientes hospitalares saudáveis, profissionais de saúde qualificados, apoio no público e no local de trabalho e eliminação de influências negativas. Por último, outras intervenções incluem o fornecimento de micro e macro nutrientes adequados, como suplementos de ferro, anemia e vitamina A e alimentos enriquecidos com vitaminas e produtos prontos a usar. Os programas que abordam as deficiências de micronutrientes, como os que visam a anemia, têm tentado fornecer suplementos de ferro às mulheres grávidas e lactantes. No entanto, como a suplementação ocorre frequentemente demasiado tarde, estes programas têm tido pouco impacto. Intervenções como a nutrição das mulheres, o aleitamento materno precoce e exclusivo, a alimentação complementar adequada e a suplementação com micronutrientes provaram reduzir o atraso no crescimento e outras manifestações de subnutrição. Uma análise Cochrane dos pacotes de saúde materna baseados na comunidade mostrou que esta abordagem comunitária teve um impacto positivo no início do aleitamento materno no espaço de uma hora após o nascimento[74]. [74] Alguns programas tiveram efeitos adversos. Um exemplo é o programa de ajuda "Fórmula para o Petróleo" no Iraque, que resultou na substituição do aleitamento materno por fórmulas, o que afectou negativamente a nutrição infantil.

8.7 Plataformas de implementação e entrega

Em abril de 2010, o Banco Mundial e o FMI publicaram uma nota informativa sobre políticas intitulada "Scaling up Nutrition (SUN): Um quadro de ação" que representava um esforço conjunto para abordar a série da Lancet sobre a subnutrição e os objectivos que definia para melhorar a subnutrição. Destacaram os 1000 dias após o nascimento como a janela principal para uma intervenção nutricional eficaz, encorajando uma programação que fosse rentável e mostrasse uma melhoria cognitiva significativa nas populações, bem como uma maior produtividade e crescimento económico. Este documento foi designado por quadro SUN e foi lançado pela Assembleia Geral das Nações Unidas em 2010 como um roteiro que incentiva a coerência dos intervenientes, como governos, universidades, organizações do sistema das Nações Unidas e fundações, no trabalho para reduzir a subnutrição. O quadro SUN iniciou uma transformação na nutrição global - apelando a programas de nutrição baseados nos países, aumentando as intervenções baseadas em provas e rentáveis, e "integrando a nutrição nas estratégias nacionais para a igualdade de género, agricultura, segurança alimentar, proteção social, educação, abastecimento de água, saneamento e cuidados de saúde". O governo desempenha frequentemente um papel na implementação de programas de nutrição através de políticas. Por exemplo, várias nações da Ásia Oriental adoptaram legislação para aumentar a iodização do sal para aumentar o consumo doméstico. O empenhamento político sob a forma de políticas e programas nacionais eficazes e baseados em provas, trabalhadores comunitários de nutrição com formação especializada e comunicação e defesa eficazes podem contribuir para diminuir a subnutrição. O mercado e a produção industrial também podem desempenhar um papel importante. Por exemplo, nas Filipinas, a produção melhorada e a disponibilidade no mercado de sal iodado aumentaram o consumo doméstico. Embora a maioria das intervenções nutricionais sejam realizadas diretamente através dos governos e dos serviços de saúde, outros sectores, como a agricultura, a água e o saneamento, e a educação, são também vitais para a promoção da nutrição.

8.8 Educação nutricional

A nutrição é ensinada nas escolas de muitos países. Em Inglaterra e no País de Gales, os currículos de Educação Pessoal e Social e de Tecnologia Alimentar incluem a nutrição, salientando a importância de uma dieta equilibrada e ensinando a ler os rótulos nutricionais nas embalagens. Em muitas escolas, as aulas de nutrição fazem parte dos departamentos de Ciências da Família e do Consumidor ou de Saúde. Nalgumas escolas americanas, os alunos são obrigados a frequentar um determinado número de aulas relacionadas com as ciências da família e do consumidor ou com a saúde. A nutrição é oferecida em muitas escolas e, se não for uma disciplina própria, está incluída noutras disciplinas de FCS ou Saúde, tais como: Competências para a vida, Vida independente, Sobrevivência de solteiro, Ligação de caloiros, Saúde, etc. Em muitas aulas de nutrição, os alunos aprendem sobre os grupos alimentares, a pirâmide alimentar, as doses diárias recomendadas, as calorias, as vitaminas, os minerais, a desnutrição, a atividade física, as escolhas alimentares saudáveis e como viver uma vida saudável.

Um relatório do Conselho Nacional de Investigação dos Estados Unidos de 1985, intitulado Nutrition Education in US Medical Schools, concluiu que o ensino da nutrição nas escolas de medicina era inadequado. Apenas 20% das escolas inquiridas ensinavam nutrição como uma disciplina separada e obrigatória. Um inquérito de 2006 revelou que este número tinha aumentado para 30%.

Referências

1. Monteiro (2009). Nutrição e saúde. A questão não são os alimentos, nem os nutrientes, mas sim o processamento. *Saúde Pública Nutr* 12: 729-31.

2. Ludwig, DS. Technology, Diet, and the Burden of Chronic Disease (Tecnologia, Dieta e a Carga das Doenças Crónicas). *JAMA*, 6 de abril de 2011, Vol 305, N.º 13 1352-3

3. Sacks, Frank M, Lichtenstein, Alice H, Wu, Jason H.Y, Appel, Lawrence J, Creager, Mark A, Kris-Etherton, Penny M, Miller, Michael, Rimm, Eric B, Rudel, Lawrence L, Robinson, Jennifer G, Stone, Neil J, Van Horn, Linda V. "Gorduras dietéticas e doenças cardiovasculares: Um conselho presidencial da American Heart Association", 15 de junho de 2017

4. Michels KB, Fuchs CS, Giovannucci E, et al. Fiber intake and incidence of colorectal cancer among 76,947 women and 47,279 men. Cancer Epidemiol Biomarkers Prev 2005;14:842-9.

5. Garcia de Lorenzo A, Alvarez J, Bermejo T, Gomis y P, Pineiro G: Micronutrientes en nutrición parenteral. Nutr Hosp 2009, 24(2):152-155.

6. Weiss, G., Wachter, H. & Fuchs, D. 1995. Ligação da imunidade mediada por células ao metabolismo do ferro. Immunol. Hoje, 16: 495-500

7. Alfthan, G., Aro, A., Arvilommi, H. & Huttunen, J.K. 1991. Metabolismo do selénio e atividade da glutationa peroxidase plaquetária em homens finlandeses saudáveis: efeitos da levedura de selénio, selenito e selenato. Am. J. Clin. Nutr., 53: 120-125.

8. Arinola OG, Badmos SO, Ademowo OG (2008b). Oligoelementos e estado anti-oxidante em ratinhos BALB/c grávidos infectados com parasitas da malária Plasmodium yoelii em diferentes períodos gestacionais. Pak. J. Nutr. 7(6): 757-762.

9. Galan P, Viteri F, Bertrais S, Czernichow S, Faure H (2005). As concentrações séricas de beta-caroteno, vitaminas C e E, zinco e selénio são influenciadas pelo sexo, idade, dieta, tabagismo, consumo de álcool e corpulência numa população francesa adulta em geral. Eur. J. Clin. Nutr. 59: 1181-1190.

10. Holler U, Brodhag C, Knobel A, Hofmann P, Spitzer V: Determinação automatizada de vitaminas hidrossolúveis selecionadas em comprimidos utilizando um sistema robótico de bancada acoplado a HPLC de fase reversa (RP-18) com deteção UV. J Pharm Biomed Anal 2003, 31:151-8.

11. Wang, X; Ouyang, Y; Liu, J; Zhu, M; Zhao, G; Bao, W; Hu, FB (29 de julho de 2014). "Consumo de frutas e vegetais e mortalidade por todas as causas, doenças cardiovasculares e câncer: revisão sistemática e meta-análise dose-resposta de estudos de coorte prospectivos". *BMJ (Pesquisa clínica ed.)*. **349**: g4490. doi:10.1136/bmj.g4490

12. Markopoulou CK, Kagkadis KA, Koundourellis JE: Um método optimizado para a determinação simultânea das vitaminas B1, B6, B12 em comprimidos multivitamínicos por cromatografia líquida de alta eficiência. J Pharm Biomed Anal 2002, 30:1403-10.

13. Adams, C.R., 1982. Folic acid, thiamine and pyridoxine. Vitamins - The Life Essentials.National Feed Ingredient Institute. NFIA. Ames, Iowa.

14. Dupertuis YM, Ramseyer S, Fathi M, Richard C: Avaliação da estabilidade do ácido ascórbico em diferentes sacos de nutrição parentérica multicamadas: influência crítica do material da parede do saco. JPEN 2005, 29:125-30.

15. Machlin, L.J. 1993. Antioxidant Vitamins: Petfood Industry, edição de novembro, p. 4.

16. Marks, J., 1979. A guide to the vitamins: their role in health and disease (Um guia das vitaminas: o seu papel na saúde e na doença). Publicado por MTP, Medical and Technical Publishing Co., Ltd., Inglaterra.

17. Kuhnlein HV. Promovendo os benefícios nutricionais e culturais dos sistemas alimentares tradicionais dos povos indígenas. Forum Nutr 2003;56:222-3.

18. Organização Mundial de Saúde. 2003. Dieta, Nutrição e Prevenção de Doenças Crónicas: Relatório de uma consulta conjunta de peritos da OMS/FAO. In: Relatório Técnico da OMS

Seriesno916.http://www.who.int/entity/dietphysicalactivity/publications/trs916/downl oad/en/i ndex.html.

19. Devlieger H, Meyers Y, Willems L, De Zegher F, Van Lierde S, Proesmans W, Eggermont E: Retenção de cálcio e fósforo no bebé pré-termo durante a nutrição parentérica total. Um estudo comparativo aleatório entre fosfato orgânico e inorgânico como fonte de fósforo. Clin Nutr 1993, 12:277-81.

20. Ribeiro DO, Lobo BW, Volpato NM, da Veiga VF, Cabral LM, Sousa VP: Influência da concentração de cálcio na presença de fósforo orgânico na compatibilidade físico-química e estabilidade de misturas all-inone para uso neonatal. Nutr J 2009, 8:51-60.

21. Wark PA, Weijenberg MP, van 't Veer P, et al. Frutas, legumes e cancro do cólon deficiente e proficiente na proteína hMLH1: The Netherlands cohort study. Cancer Epidemiol Biomarkers Prev 2005;14:1619-25.

22. Norat T, Bingham S, Ferrari P, et al. Meat, fish, and colorectal cancer risk: the European Prospective Investigation into cancer and nutrition. J Natl Cancer Inst 2005;97:906-16.

5. Nash, Stephen D.; Westpfal, Matthew (2005). "Benefícios cardiovasculares dos frutos secos". O Jornal Americano de Cardiologia. **95** (8): 963 doi:10.1016/j.amjcard.2004.12.035. PMID 15820163.

23. Feskanich, D; Willett, W. C.; Colditz, G. A. (2003). "Cálcio, vitamina D, consumo de leite e fracturas da anca: Um estudo prospetivo entre mulheres na pós-menopausa". The American Journal of Clinical Nutrition. **77** (2): 504

511. PMID 12540414.

24. Mühlebach S, Franken C, Stanga Z: Manuseamento prático de misturas de AIO - Diretrizes sobre Nutrição Parentérica, Capítulo 10. GMS Germ Med Sci 2009,7:16123174.

25. Farmacopeia dos EUA 31: Capítulos gerais, Validação dos procedimentos dos compêndios. Secção 1225, Convenção Farmacopeia dos Estados Unidos, Rockville 2008, 683-7.

26. Farmacopeia dos Estados Unidos 31: Capítulos gerais, Composição farmacêutica - Preparações estéreis, Secção 797. Convenção Farmacopeia dos Estados Unidos, Rockville; 2008, 319-336.

27. Rigo J, Senterre J: Necessidades nutricionais dos bebés prematuros: questões actuais. J Pediatr 2006, 149:S80-S88.

28. Lee MD, Yoon JE, Kim SI, Kim IC: Stability of total nutrient admixtures in reference to ambient temperatures (Estabilidade de misturas de nutrientes totais em relação à temperatura ambiente). Nutrition 2003, 19:886-890.

29. Lang, T.; Barling, D; Caraher, M. Food Policy: Integrating Health, Environment and Society. Oxford: Oxford University Press, 2009.

30. Scrinis, G. Nutritionism: the Science and Politics of Dietary Advice [Nutricionismo: a ciência e a política do aconselhamento dietético]. New York: Columbia University Press, 2013.

31. Mozzaffarian, D.; Ludwig, D. Dietary Guidelines in 21st Century: a time for food. JAMA, [S.l.], v. 304, p. 681-682, 2010.

32. Willett, W. C.; Skerret, P. J. Eat, Drink, and Be Healthy (Comer, beber e ser saudável): The Harvard Medical School Guide to Healthy Eating [Guia da Escola de Medicina de Harvard para uma Alimentação Saudável]. New York: Free Press, 2005.

More Books!

yes

I want morebooks!

Buy your books fast and straightforward online - at one of world's fastest growing online book stores! Environmentally sound due to Print-on-Demand technologies.

Buy your books online at
www.morebooks.shop

Compre os seus livros mais rápido e diretamente na internet, em uma das livrarias on-line com o maior crescimento no mundo! Produção que protege o meio ambiente através das tecnologias de impressão sob demanda.

Compre os seus livros on-line em
www.morebooks.shop

info@omniscriptum.com
www.omniscriptum.com

OMNIScriptum

MIX
Papier aus verantwortungsvollen Quellen
Paper from responsible sources
FSC® C105338

Printed by Books on Demand GmbH, Norderstedt / Germany